丝路之光

2021 敦煌服饰文化论文集

丝路之光

The Light of Silk Road
The Essay Collection of
Dunhuang Costume Culture 2021

2021敦煌服饰文化论文集

刘元风◎主编

国家社科基金艺术学重大项目『中华民族服饰文化研究』
国家社科基金艺术学项目『敦煌历代服饰文化研究』

中国纺织出版社有限公司

内 容 提 要

本书是敦煌服饰文化研究前沿成果的集中展示。本书分为上下两编，"上编"收录了"第三届敦煌服饰文化论坛"所邀八位专家的发言文稿；"下编"收录了此次论坛所征集的六篇优秀投稿。学者们研究的内容丰富、观点新颖、考据翔实，不仅包括在丝绸之路广阔文化背景下对敦煌及沿线石窟艺术风格和美学思想的解读，还有对敦煌色彩、服饰名词、装饰图案、仪轨内涵等方面的个案研究。

本书适用于服装专业师生学习参考，也可供敦煌服饰文化爱好者阅读典藏。

图书在版编目（CIP）数据

丝路之光.2021敦煌服饰文化论文集 / 刘元风主编 . -- 北京：中国纺织出版社有限公司，2022.1
ISBN 978-7-5180-8825-6

Ⅰ.①丝… Ⅱ.①刘… Ⅲ.①敦煌学—服饰文化—文集 Ⅳ.① TS941.12-53 ② K870.6-53

中国版本图书馆 CIP 数据核字（2021）第 176163 号

Siluzhiguang 2021 Dunhuang Fushi Wenhua Lunwenji

责任编辑：孙成成   特约编辑：施 琦
责任校对：江思飞   责任印制：王艳丽

中国纺织出版社有限公司出版发行
地址：北京市朝阳区百子湾东里 A407 号楼   邮政编码：100124
销售电话：010 — 67004422   传真：010 — 87155801
http://www.c-textilep.com
中国纺织出版社天猫旗舰店
官方微博 http://weibo.com/2119887771
北京华联印刷有限公司印刷   各地新华书店经销
2022 年 1 月第 1 版第 1 次印刷
开本：889×1194   1/16   印张：15
字数：203 千字   定价：198.00 元

前言

　　敦煌服饰文化研究和创新设计是敦煌学研究的重要组成部分，也是传承和传播敦煌文化艺术的重要途径。今年是敦煌服饰文化研究暨创新设计中心成立的第三个年头，在社会各界的广泛关注和大力支持下，我们不断推进和深入学术研究、专题讲座、人才培养、论著出版、实地考察等各项工作，敦煌服饰文化研究和创新设计实践探索也不断迎接新的挑战和取得新的进步。在工作过程中，我们越来越体会到敦煌的文化艺术是中华文明同多种文明长期交流融汇的结果，是中华民族的、更是世界宝贵的文化遗产，值得我们不断地深入学习和研究。

　　过去的2020年是特殊的一年，我们克服新冠疫情的影响，在2020年10月成功举办了"第三届敦煌服饰文化论坛"，并且首次采用线上线下结合的传播方式，使更多的院校师生、设计师及广大敦煌文化艺术的爱好者们有机会聆听和学习。此次论坛邀请的专家中不仅包括学术造诣深厚的学者，同时还邀请到颇有建树的中青年学者。既通过我们搭建的学术平台传播最具学术价值的理论成果，也鼓励更多的中青年学者投入敦煌服饰文化研究和创新设计的实践中来，使未来的学术发展更加具有延续性和社会性。此外，自2020年4月开始，我们通过微信公众号等网络方式进行公开征稿，收到了近三十篇投稿论文。经过组委会的审核和筛选，评选出六篇优秀来稿论文。这些论文选题新颖，论点明确，有独到的见解，显示出年轻学者们对敦煌服饰文化的倾注和热爱。这届论坛专家的发言文稿和优秀征稿论文均集中收入这本《丝路之光：2021敦煌服饰文化论文集》中。

　　本书分为上、下两编，"上编"收录了"第三届敦煌服饰文化论坛"所邀八位专家的发言文稿；"下编"收录了此次论坛所征集的六篇优秀征稿。学者们研究的内容丰富、观点新颖、考据翔实，不仅包括在丝绸之路广阔文化背景下对敦煌及沿线石窟艺术风格和美学思想的解读，还有对敦煌色彩、服饰名词、装饰图案、仪轨内涵等方面的个案研究，可以说是敦煌服饰文化及装饰艺术研究前沿成果的一次集中而精彩的展示，相信一定能为敦煌服饰文化和设计创新带来新的启示。

敦煌服饰文化论文集系列的连续推出，使我们进一步认识到敦煌文化艺术的开放性、兼容性和多元性，也让我们站在一种更为高远的学术视角来看待敦煌文化与当代文化之间的内在关联性，使我们越来越深刻地感悟到敦煌为我们所展现的丰富多彩、博大精深的文化宝藏和艺术资源，等待着我们不断地从不同的层面去开启挖掘和深入探究。

从书中收录的论文中也可以清楚地看到，敦煌服饰文化的研究与创新设计是将敦煌服饰文化融入当代时尚文化之中，将敦煌服饰中的经典造型、色彩、纹样以及装饰手段与现代时尚流行、大众审美和产业市场有机地结合起来，进一步强化当今服饰文化中的民族文化内涵，增进民族服饰文化的自信和自强。

因此，需要我们大家共同努力的是，在传承和传播敦煌服饰文化的同时，探索新时代的服饰创新设计的典型范式，构建起民族性与当代性有机融合的教学、科研以及服务社会的平台，让古典的敦煌服饰文化走入当今时尚生活之中，为提升人们日益丰富的多样化的物质需求、为满足人们对于美好生活的向往做出我们的努力。

北京服装学院　教授
敦煌服饰文化研究暨创新设计中心　主任
2021年5月

目录

上编

赵声良 / Zhao Shengliang

1984 年毕业于北京师范大学中文系，同年到敦煌研究院工作。2003 年获日本成城大学文学博士学位（美术史专业）。曾先后受聘为东京艺术大学客座研究员、台南艺术大学客座教授、普林斯顿大学客座研究员。现为敦煌研究院院长、研究员、敦煌研究院学术委员会主任委员、北京大学敦煌学研究中心主任。

主要研究中国美术史、佛教美术。发表论文百余篇，出版学术著作二十余部，主要有《敦煌壁画风景研究》《飞天艺术——从印度到中国》《敦煌石窟美术史（十六国北朝）》《敦煌石窟艺术简史》等。

光与色的旋律
——敦煌隋代壁画装饰色彩

赵声良

我给大家分享一下我最近想到的关于敦煌壁画装饰色彩的问题。因为这几年敦煌研究院与北京服装学院有很多合作，所以这也促使我考虑和装饰相关的问题，于是就发现敦煌壁画的装饰内容是无限丰富的。

最近让我特别着迷的一件事情就是敦煌装饰色彩里光与色、光与影的表现。因为我最近在承担敦煌隋代美术史部分的研究，所以就着重讲一讲隋朝壁画对色彩的表现。我刚开始觉得这似乎是一个小问题，但是我发现传统的绘画似乎没关注这个问题。中国古代对于光和色的表现曾达到了很高的水平，可是现在几乎都已经失传了。我觉得我们有必要把这个研究出来。

内容涉及以下几个问题：

第一，神圣之光——对光的表现探源；

第二，敦煌早期壁画中的佛光；

第三，隋朝佛光表现的倾向。

一、神圣之光——对光的表现探源

人类最早表现光都是来自人类对大自然的认识。太阳之光，月亮之光，对人类来说是非常神圣、不可思议的。与此相关联，那些想象出来的神灵，以至于被尊为圣贤的人物，也都会被赋予神圣之光。因此，当人类学会了在造型艺术中表现日月的光芒，表现火焰的光芒，那么也同样就会用光芒来表现神灵或圣人。早期人类对自然神灵的表现，包括佛教对于佛、菩萨的表现等，都会通过光芒来表现或象征神的地位。

现存造型艺术中最初对光的表现大致有三种类型：①以放射线表现光芒；②以圆形表示光环；③以火焰表现光芒。

在那南·辛建立的石碑上（图1），我们可以看到一些带有神话、祭祀性质的表现。石碑似乎表现了日月当空，其上方雕刻着两个发光体，用放射线表现光芒，也许是太阳和月亮，也许象征神圣之光。

在古巴比伦王国时代的残碑（图2）上有同样的表现方法，这个残碑上坐着的祭司的形象特别像汉谟拉比法典石柱上的形象。因为这是一个残破的石碑，我们很难断定它的时代，但是我认为它大概属于古巴比伦王国时代。它表现太阳光芒的方式跟那南·辛建立的石碑基本上是一样的。其实，放射状的光有两种表现方式：一种是用三角形，另一种就是用一段段射线合并形成比较粗的线条。总的来说，这就是一种放射线的形式来表现光芒。

类似的形式在阿富汗国家博物馆藏的公元前3世纪西布莉与妮可女神（图3）上可以看到。这个作品表现了这样一幅有意思的画面：两个女神坐在狮子拉的车上，天空中出现了太阳神赫利俄斯的头像以及月亮和星星。这个作品用放射线来表现太阳神头上的光芒。古人对想象中的神，或者神圣的人物，都会想到表现他的发光，于是发光体就与神圣的概念密切相关了。

图1 ｜ 图2
图3

图1　那南·辛建立的石碑（约公元前2270年），法国卢浮宫博物馆藏

图2　古巴比伦王国时代的残碑，法国卢浮宫博物馆藏

图3　西布莉与妮可女神（公元前3世纪），阿富汗国家博物馆藏

印度最早的佛像（图4）头上是用圆形表现光环的，在光环的边缘可以看到这种一个个的半圆好像是一圈齿形，这也是表现光芒的放射状。

在马图拉博物馆藏的另一件雕刻上表现出三道宝阶（图5）——通向佛国世界之道。在宝阶的最上面有一个发光体，这中间可能是一朵莲花，象征着佛像，外边用放射线来表现光芒。

犍陀罗地区（即目前的巴基斯坦西北部和阿富汗东北部地区），几个世纪以来一直作为佛教中心。犍陀罗佛教艺术起源于该地区，但它融合了希腊与罗马元素，形成了今天看到的犍陀罗艺术。

佛教艺术中较多的还是以圆形表示光环。在英国大英博物馆藏的犍陀罗雕刻尸毗王本生里（图6），右侧的两个人应该是梵天和帝释天。梵天和帝释天都是神，所以他们的头上各有一个光环，光环上好像没有雕刻纹样。实际上，这个时期的雕刻应该还会在石雕上面绘画。但是，在这个犍陀罗的雕刻上，我们已经看不到这种绘画的痕迹了，不知道这个光环上是不是曾有绘画图像（如放射形线条）。这种用圆环形状表现神圣光芒是东方和西方都会使用的方法。

在犍陀罗雕刻当中，佛的头上有圆盘是非常普遍的。这个圆盘当然是表现神圣的一种光环。犍陀罗石刻焰肩佛（图7）上表现了佛上身出火、下身出水的状态，它有两个光环，头上的光环我们称为"头光"，背后一个大的光环是"背光"。它的头光用一个个三角形围成放射状来表现，背光用火焰纹表现。

同样的形式也出现在另一件犍陀罗石刻焰肩佛（图8）上。它的头光用三角形环绕一圈表现放射状的光芒。同时，大佛像两边的两个小佛像背光的边缘，也是用三角形的方式表现光芒。佛像两肩处用火焰来表现光芒，这可能是较早用火焰来表现光芒的雕刻，后来火焰纹成为表现佛光的一个基本表现手法。佛手上有一个发光

图4 ｜ 图5

图4 佛说法相，贵霜时代（约1世纪），印度马图拉博物馆藏

图5 三道宝阶（1世纪），印度马图拉博物馆藏

图6 犍陀罗雕刻尸毗王本生
（2~3世纪），英国大英博物馆藏

图7 犍陀罗石刻焰肩佛（3~4世纪），阿富汗喀布尔博物馆藏

图8 犍陀罗石刻焰肩佛（2~3世纪），法国吉美博物馆藏

图6 ｜ 图7 ｜ 图8

的法轮，小小的法轮表现了两重光，内层是用放射线表现发光，外层则是用一个个三角形围成一圈表现光芒。这种表现在犍陀罗的雕刻中实际上是非常普遍的。

下面我们来考察中国古代对光的表现，大概还是这三种类型：一是火焰，二是放射形，三是圆轮。

四川金沙出土的太阳神鸟金饰的图案（图9）现在已经成为中国世界遗产的一个标志。它中间表现了一个独特的、旋转的发光体，中国传统文化中非常重视旋转的形状，再后来其他国家的文化里也比较重视这种形状。

三星堆出土距今约3000年的太阳轮（图10），它的形状和汽车的方向盘一样。尽管大家对这是否为太阳轮有一些不同的看法，但是我想这作为古人对太阳放射光芒的表现大概是没有问题的。它通过五道线表示放射状的光线，这应该是人类最早对发光体呈现出放射状的一种认识。

类似的表现也出现在一些青铜器上。汉朝以后，越来越多的日月发光体出现了。在西汉卜千秋墓壁画里（图11），太阳用金乌在圆盘里来表现，圆盘的外面有四道表现火焰的纹样。与之相对的月亮在壁画上已经看不清楚了。壁画底色为红色，月亮的光芒用绿色来表现。从壁画的线描图可以看出，月亮与太阳一样，通过外面四道火焰纹来表现发光体。

在汉代的壁画有大量的例证，即用圆盘表现太阳、月亮。在洛阳浅井头墓室壁画上（图12），太阳的边缘有一道道三角形组成放射状的圆环来表现光芒，边缘再往外还有旋转的纹样，似乎是火焰纹。这个火焰纹跟云气纹比较接近，也可以看作是云气纹。中国的传统绘画中似乎也不是特别地强调对火焰纹的表现。

有些地方的日月也没有加任何放射线或火焰纹，仅用一个圆盘表现，只不过圆盘当中的图案不一样，圆盘当中以三足马象征太阳，蟾蜍、兔子或者树代表月亮已成为固定的模式。

二、敦煌早期壁画中的佛光

当佛教传到敦煌时，佛教艺术已经有一些成熟的表现手法来表现佛像的佛光，即用火焰纹来表现佛像的头光和背光。

最早的北凉第268窟，我们通过考古的线描图，可以看出它的背光、头光都是用连续的火焰纹围成一圈来表现光芒。北凉第272窟（图13）出现了两种表现：一是头光的放射线，二是身光的火焰纹。此时，火焰纹非常流行地被用在佛像的佛光里面。

北魏以后，佛光变得越来越丰富。画家大概开始意识到了光的表现，为了让火焰纹变得比较生动丰富，于是一层一层地用不同色彩交织表现燃烧的火焰纹（图14）。在敦煌早期的壁画当中，佛像头光、背光中的火焰纹是非常丰富的。我们可以看到一层层的火焰通过一层层的颜色变化，来表现燃烧冒出的火光。这不是为了表现火，而是为了表现光，这个火焰实际上代表着光芒。

火焰纹逐渐发展中还会和忍冬纹结合起来（图15）。北朝的佛光中，三类表现光芒的形式均有出现，但火焰纹则是贯穿始终的。除了火焰纹、放射线等纹样外，画家有时仅用一个圆环，通过圆环内色彩变化来表现光芒。佛像的背光、头光的颜色由深到浅过渡，从而表现神圣的光芒。

图13　莫高窟第272窟（佛说法
图），北凉

图14　莫高窟第257窟佛像，北魏

图15　莫高窟第249窟佛像，西魏

图13
图14 ｜ 图15

　　比北朝时期敦煌石窟还早一点的克孜尔石窟出现了比较多的放射线光芒，如菩萨的背光里用细细的放射线来表现光芒（图16）。同时，菩萨的头光通过不同的颜色搭配来表现色彩的变化，也就是光芒的变化。

　　克孜尔石窟里也有日月形象的出现，如第38窟窟顶表现日天和月天（图17）。日天也是用放射状的线条表现光芒，月天周围有很多圆珠可能代表星星或者光芒。

　　佛教艺术逐渐沿着丝绸之路传入，南方及内地的一些佛教雕刻中也有用放射线表现佛光的作品。成都西安路出土的南朝佛像（图18），它的头光已经大部分都没有了，残存头光的内圈上有一道道放射状的光芒。

　　青州博物馆的东魏造像碑也是通过一道道放射线表现佛光（图19）。它内层的佛光为放射状，外层为一层层圆环，圆环上用不同的颜色来形成色彩的变化。圆环上的颜色已经褪色很多了，只有少数的土红色、石青色还可以看到。在那个时期，

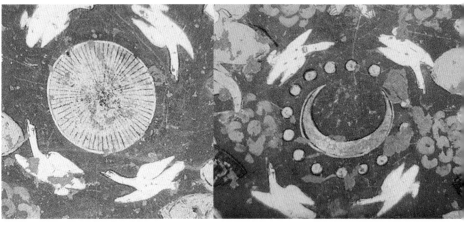

图16　克孜尔石窟第38窟（约4世纪）

图17　克孜尔石窟第38窟，日天、月天（约4世纪）

图18　成都西安路出土的南朝佛像（太清五年，551年）

图19　东魏造像碑（天平三年，536年），青州博物馆藏

图16	图17
图18	
图19	

这些石雕基本上都是用丰富的颜色来装饰。

成都西安路出土的道教造像（图20），在石雕的佛光内圈上再绘出密密麻麻的放射线。这种绘画效果比雕刻的就细腻多了，这种方法在当时也逐渐得以普及。

北方的石窟里，云冈石窟的火焰纹比较受大家关注（图21），云冈石窟基本上是用丰富的火焰纹来表现佛光。从整个北朝到隋唐最流行火焰纹表现的佛光，但此期间也存在一些放射线表现的佛光。

北魏以后火焰纹更加普及，同时逐渐地加入了一些忍冬纹。龛楣本来画火焰纹的地方用忍冬纹代替（图22）。火焰纹原本代表着光芒，但是它逐渐变成了一种装饰，那么它本身表现光的意义可能在消退。我们可以看到，在火焰纹中交织着忍冬纹装饰着佛光（图23）。

火焰纹不仅出现在佛光上，还出现在藻井上（图24）。"交木为井，绘以藻纹"，藻井象征着中国传统的建筑结构。因为按传统五行思想，五行相生相克，所以大家往往在木结构建筑上画一些水的纹样，代表水可以克火，从而保护木结构建筑。同时，画家们还会在藻井上画火焰纹，这个火焰不是代表火，而是为了表现神圣之光，所以火焰纹也大量地出现在藻井。火焰纹与忍冬纹交织着表现光芒，到了后来忍冬纹逐渐代替火焰纹，成为一种装饰的纹样。

图20	图21	
图22	图23	图24

图20 成都西安路出土的道教造像（南朝），成都考古研究所

图21 云冈石窟第20窟大佛，北魏

图22 莫高窟第432窟龛楣，北周

图23 莫高窟第290窟佛背光，北周

图24 莫高窟第461窟藻井，北周

三、隋朝佛光表现的倾向

（一）火焰纹的大面积表现

隋朝的佛光在表现光芒上有很大的发展，火焰纹成了一个大面积的表现（图25）。隋朝的画家感觉到火焰纹的感染力，认识到火焰纹能表现强烈的光芒。他们用好几层火焰纹，将龛内的背光一直延伸到龛楣（如果佛龛有两层的话，它就有两层龛楣）。所以，佛龛从正面看上去是用一层层火焰形成的一个熊熊燃烧的大火景象，确实是非常壮观的。此时，画家通过各种色彩来表现火焰燃烧的效果，这个技法可以说是非常成熟的。

这个时期，佛光变得很大，除了头光是圆形外，外围的佛光全是火焰纹形成的熊熊燃烧的大火（图26、图27）。当进入这样的洞窟里，你可以感受到这种火焰形成的光芒特别震撼。隋朝有大量的佛光是由背光的火焰延伸到龛楣形成一大片燃烧的光芒。隋朝的画家特别注重色彩搭配，通过不同的色彩搭配能够表现火焰燃烧的动感，形成火焰一层一层往上燃烧的壮观景象。

（二）忍冬纹及植物纹样逐步占主导地位

在外围的火焰纹不断扩大的同时，头光还有背光的一部分，往往用忍冬、卷草等丰富的植物纹样代替，这些植物纹样逐步地占领主导地位。隋朝洞窟有许多这样的例子，其佛光中间往往是纯粹的植物纹样，外围是大面积的火焰（图28）。

隋朝壁画的特点就是总体雄浑壮阔，细部精致细腻。这基本上形成一个流行的趋势，即除外圈为火焰纹外，佛光大部分为植物纹样（图29）。

隋朝流行植物纹样的佛光是受到笈多艺术的影响。笈多时期，印度本土的佛光

图25 ｜ 图26
图27

图25 莫高窟第398窟龛楣，隋

图26 莫高窟第244窟主尊背光，隋

图27 莫高窟第390窟背光与龛楣，隋

图 28　莫高窟第 311 窟，隋

图 29　莫高窟第 420 窟南龛，隋

图 28 ｜ 图 29

往往是用植物纹样来表现的（图 30）。印度威尔士王子博物馆藏佛像的佛光边缘是用三角形围成放射状来表现光芒的（图 31）。古印度人好像不太关心光的表现，他们最关心的是把大量的花纹体现在佛的头光上面。这种头光似乎不是一个发光体，它是一个装饰的圆盘。

这种佛光在笈多时代非常普遍，大量佛像的头光、背光都是用丰富的植物纹形成的，这也是这一时期的一个主要特点。一直延续到后来，在一些萨尔纳特的雕刻里也大量地出现了这样的佛光（图 32），这也是印度艺术中一个非常流行的倾向，后来印度教的雕刻中也会出现这种大量的非常精致的装饰图案。

中国从北魏到隋朝，大量佛像的头光都是用忍冬纹、卷草纹等植物纹来表现的，在响堂山和龙门石窟都可以看到这样的例子（图 33）。

（三）以色彩的变化来表现光

隋朝的佛光还有一个特点即通过色彩的变化来表现光芒（图 34）。隋朝的画家想通过颜色深浅变化表现光芒或者用不同的颜色组合出彩虹般的效果。

这种通过颜色层次的变化来表现光环的方法，其实在北朝已经出现了（图 35）。北周时期，莫高窟第 428 窟北壁人字披下部的说法图中，主尊佛像和东侧菩萨的头光就是通过蓝、绿两种色彩逐渐过渡，形成一个过渡色，就出现了彩虹一般的光芒。

隋莫高窟第 427 窟菩萨像颜色虽然已经变黑了（图 36），但是它的头光没变色，仍然非常漂亮。因为这块头光用的颜料最好，其中蓝色和绿色的颜料纯度较纯，所以基本上没变色。画家就是有意要表现出一种神秘之光，尤其加上边缘的贴金，组成一个非常华丽的光环。尽管隋朝很多的壁画都已经变色了，我们仍然可以看到这些佛和菩萨的头光，显示出画家刻意地表现光芒变化的过程。

莫高窟第 420 窟西壁龛内佛像的佛光比较具有代表性（图 37），其背光、头光都是用色彩过渡的方法来表现的。它在光的底色上画了很多细腻的装饰图案，这些花纹就像是在光的背景里生长出来的，形成一种层次感。

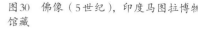

图30 佛像（5世纪），印度马图拉博物馆藏

图31 佛像（5世纪），印度威尔士王子博物馆藏

图32 萨尔纳特佛像（笈多时代），印度加尔各答博物馆藏

图33 北响堂山大佛洞佛光，北齐

图34 莫高窟第420窟菩萨像，隋

图35 莫高窟第428窟北壁说法图，北周

图36 莫高窟第427窟菩萨像，隋

图37 莫高窟第420窟西壁龛内佛像，隋

图30	图31	图32
图33		图34
图35		
图36		图37

莫高窟第427窟的头光和背光（图38）也是用同样的方法来表现光的过渡，佛光中不仅有青绿色之间的过渡，还有粉红色的逐渐过渡，包括变黑的佛光也有色彩过渡。青绿色佛光上的花纹也在配合底色出现一些变化，靠近佛光内侧用白色勾线，靠近外侧用黑色勾线，通过这种花纹可以让人感觉到光线的变化，形成一种立体感。同时，佛光上部还有一块金色的光芒，其背景是黑色的，营造出一种非常神秘的效果。佛像头光上面有一团团的繁花装饰，繁花的勾线为内侧白线、外侧黑线，其内部填色为内侧偏红、外侧偏黑（黑色可能是变色），说明当时的画家考虑到了由深到浅过渡的问题。

莫高窟第427窟中心柱北向面基本上照射不到太阳光，所以它的色彩经过了一千多年，大部分都是完整地保存下来了。其佛光配色高级、绚丽多彩，是隋朝画家一个很了不起的作品。整体来看，佛光外面的火焰也是通过几种不同的颜色来表现立体感和光芒。因此，可以说隋朝画家将色彩表现已经发挥到了极致。

即使一些壁画比较简略，如第302窟的佛像（图39），经过了变色之后，我们也能看到它背光、头光色彩之间的过渡，由淡到浓、由深至浅。在第292窟的佛光里面也有类似非常细腻的表现（图40）。

实际上，这种色彩变化在更早一些的新疆克孜尔石窟（图41）也可以找到类似的特征，所以这样一种观念应该是从印度等地区流传过来的。当然在克孜尔石窟，这还是一种概念化的观念，其佛光也有很多层次极丰富的颜色，但是这种光没有那种彩虹般的效果。此时的画家对光与色彩的理解，并没有达到隋朝的高度。

隋朝的画家显然是把光的表现发挥到了极致，不仅是在佛光上，在一些藻井上，隋朝的画家也想办法让它表现出天空的光芒。莫高窟第403窟藻井边缘的底色产生了一个光的过渡变化（图42）。现在我们在计算机上一下就可以做出这种过渡光，但是在那个时候，画家是通过整体画面去表现这样的效果。

我们前面提到藻井里面用火焰纹表现的是一种神圣之光。隋朝画家在表现光上有很多创新。隋朝藻井四个角还有摩尼宝珠（图43），它也是会发光的，所以旁边用火焰纹装饰。此外，在藻井中间的圆环里还有光带表现光芒。莫高窟第380窟藻

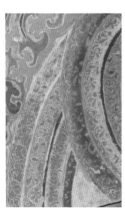

图38　图39　图40

图38　莫高窟第427窟南向面，隋

图39　莫高窟第302窟佛像，隋

图40　莫高窟第292窟佛光，隋

井（图44）中间有一个圆环，圆环外有五条旋转的带子，这也是为了表现光芒。这种发出几道不同颜色光线的圆环是隋朝想象的东西，但现在的灯光很容易就可以做出这样的效果。

隋朝的画家还把这种表现色彩过渡的手法应用到更广泛的领域，比如说飞天的背景底色是有变化的，这种变化当中可以体现出天空中的光影效果，其中最具代表性的是第404窟的飞天（图45）。隋朝画家感觉到了光影的过渡，表现出天空的颜

图41	图42
图43	图44
图45	

图41　克孜尔石窟第80窟（5世纪初～7世纪初）

图42　莫高窟第403窟藻井，隋

图43　莫高窟第398窟藻井，隋

图44　莫高窟第380窟藻井，隋

图45　莫高窟第404窟飞天，隋

色不是平的，而是过渡的。因为我们用眼睛感受天空，会发现接近地平线的地方会白一点，越往上面天空越蓝，可以感觉到这种空间感，所以画家也想表现这样的空间感，在404窟就有这样非常成功地表现飞天在天空中飞翔的场景。

四、小结

人类对日月等发光体的表现，东方与西方都有一定的共同性，即以放射状线条或圆环形状表现光芒。而在中亚犍陀罗一带形成并流行的以火焰纹表现光的形式，随着佛教传入了中国。

十六国北朝敦煌壁画中以火焰表现佛光以及藻井等神圣之物形成了传统。隋朝画家们注意到光的表现，一方面扩大火焰纹范畴以表现佛背光及龛楣，同时又受到印度笈多艺术的影响在佛光中表现植物纹样增多。另外，通过色彩的变化来表现佛光造成神秘的光彩效果，画家还把这种光色效果运用在藻井和飞天背景中。在追求佛光的表现中，隋朝画家对外来佛教艺术兼收并蓄，并不断创新，在色彩运用上达到了空前的水平。同时也体现出敦煌一地作为丝绸之路重要都市所取得的成就。

朱玉麒 / Zhu Yuqi

北京大学历史学系暨中国古代史研究中心教授、博士生导师。兼任中国唐代文学学会常务理事、中国敦煌吐鲁番学会理事、国际儒学联合会理事会理事、中国地方志学会地方志研究分会副会长等职，国家社会科学基金重大项目"中国西北科学考察团文献史料整理与研究"首席专家。《西域文史》主编。主要从事唐代典籍和西域文献、清史与清代新疆问题、中外关系史等方面研究。代表作有《徐松与〈西域水道记〉研究》《瀚海零缣——西域文献研究一集》等。

天涯静处
——丝绸之路上的战争纪功碑

朱玉麒

一、战争纪功碑的渊源

战争纪功碑不是中国的发明。战争的胜利通过石刻的方式来庆祝并纪念，在世界不同的文明中都有方式各异的表现，这种表现方式与人们对金石坚固品质的敬仰相关。期望不朽的功勋寄托于不朽的石刻而永远流传，使得铭功纪事的方式最早在摩崖等天然石质上出现。

例如法国巴黎协和广场上的埃及方尖碑（图1），就是尼罗河畔的古埃及用来纪功的一种方式，如今在埃及已经看不到了，但是在法国等地还可以见到。再比如说在波斯帝国的帝王谷，也是通过石刻用象形的方式来表达君权神授的纪功（图2）。甚至我们可以看到波斯波利斯的浮雕，用图像学的方法来解读，那也是一种战争纪功碑方式。伊朗高原位于世界闻名的十字路口，西边是非洲沙漠，出现的只有单峰驼，双峰驼应该是来自中亚，所以波斯波利斯遗址的浮雕通过双峰驼的形象表现出万国来朝的景象，这就是一种纪功碑（图3）。

这种纪功碑的方式在中国，我们可以看到汉文化的石刻表现方式偏好文字的表述，并逐渐形成固定形制的碑石，这便是古代石刻功能分类中最早出现的类别——纪功碑。纪功碑原来并不完全是记录战争，而是记录各种事件，只要是有所功德，就必然会有记载。现在我们能够发现到的最早的纪功碑形式就是石鼓（图4），据考证是公元前8世纪周王朝巡守的纪功刻石。这种纪功方式，后来被继承下来。秦始皇统一中国以后东南巡视，在泰山等地都留下了纪功碑的刻石，如会稽、泰山、峄山刻石等，在司马迁的《史记》里面也有详细的记录（图5）。

二、汉代丝路战争纪功碑

最早立功边塞的战争纪功碑，是东汉窦宪抗击匈奴的"燕然勒铭"。在《后汉

图 1

图 2

图 1　法国巴黎协和广场的埃及方尖碑

图 2　波斯帝国国王谷的石刻

图3　波斯波利斯遗址的浮雕

图4　石鼓，故宫博物院藏

图5　峄山刻石（宋摹秦篆碑），西安碑林博物馆藏

图3	
图4	图5

书》上面有详细的记载："永元元年（公元89年）夏六月，车骑将军窦宪出鸡鹿塞，度辽将军邓鸿出稒阳塞，南单于出满夷谷，与北匈奴战于稽落山，大破之，追至私渠比鞮海。窦宪遂登燕然山，刻石勒功而还。北单于遣弟右温禺鞮王奉奏贡献。"（《后汉书》卷四《孝和孝殇帝纪》）"宪、秉遂登燕然山，去塞三千余里，刻石勒功，纪汉威德，令班固作铭曰：'惟永元元年秋七月，有汉元舅曰车骑将军窦宪……'。"（《后汉书》卷二三《窦宪传》）为了驱逐一直对于中原王朝有很大不利

的匈奴，从西汉到东汉发动过无数次的战争。最后在公元89年，窦宪出兵鸡鹿塞，在稽落山打败了匈奴，使匈奴西遁，窦宪则在燕然山刻石纪功。

这是一次非常重要的战役。所以在史书记载上，公元89年以后的第三年即公元91年，大量的北匈奴西遁，遁到什么地方去呢？世界历史记载说，匈奴人最后来到了欧洲的喀尔巴阡山脉，在今天的匈牙利，就是大批的北匈奴被窦宪击败以后西遁的地方。如果这个说法成立，就像多米诺骨牌一样，对于我们今天主题里的"敦煌"来说，一个灾难性的影响是：公元1世纪的匈奴人到了喀尔巴阡山脉以后，在20世纪初期唤醒了一个叫斯坦因的匈牙利人，他来寻根，寻到了敦煌，并拿走了藏经洞大量的学术宝藏，成了敦煌学术的"伤心史"。当然这只是一种说法。

燕然山的石刻时间过去差不多快两千年了，一直没有找到，因此后人还伪造了一个"燕然山铭"来凭吊这段历史。它的铭文是班固所撰，在《后汉书》中被保留下来，后人得以阅读（图6）。

燕然山，就是今天蒙古国西部的杭爱山，庞大的山体使"燕然山铭"刻石湮没近两千年，成为文学史的神话。

但是这个神话最近被打破了。2017年，蒙古语卫视频道报道："'燕然山铭'摩崖石刻碑文解读有了重大的突破。"内蒙古大学的齐木德道尔吉教授带着他的团队跟蒙古国的成吉思汗大学合作，最后找到了刻着《燕然山铭》的摩崖山体，稍后在《光明日报》上也进行了整版报道。

将近两千年的沉寂之后，突然在蒙古国发现了汉文《燕然山铭》，这是很令人震惊的事情。北大的历史学家很快根据这个新发现出版了《发现燕然山铭》的书（图7）。燕然山在什么地方找到的呢？杭爱山与北京的直线距离是2200公里，发现"燕然山铭"的摩崖在这个距离稍近一点的地方。

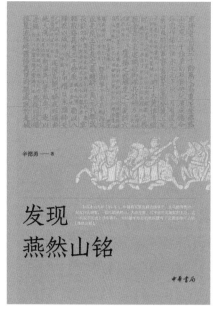

图6 ｜ 图7

图6 仿制的"燕然山铭"铭文

图7 《发现燕然山铭》，辛德勇著

沿着杭爱山往南走，可以陆续到达阿尔泰山、天山、昆仑山。当匈奴在燕然山被驱逐往西时，大量的部落就留在了西北的许多草原中，继续他们的游牧生活，同时跟中原王朝进行对抗。这时河西走廊最西边的敦煌郡就被推到了前沿阵地上，历史书的记载和石刻的发现共同体现出一个非常重要的事件，就是敦煌抗击匈奴。

康熙年间，当康熙皇帝备战准噶尔的时候，曾经到达过新疆的哈密地区，丁是在巴里坤发现了一块《裴岑碑》，又称《敦煌太守碑》（图8）。这块碑的内容经过了将近两千年后仍然非常完整：

> 惟漢永和二年八月，敦煌
>
> 太守雲中裴岑將郡兵
>
> 三千人，誅呼衍王等，斬馘部
>
> 衆，克敵全師。除西域之疢，
>
> 蠲四郡之害，邊竟艾安，振
>
> 威到此。立海祠以表萬世。

这是比较早年的拓片，很多人认为这个拓片可能是假的，新疆哪来的海呢？为什么会说："立海祠以表萬世？"所以后来假碑反而把这个字改成了"德"，"立德祠以表萬世"。事实上，我们在西北待过的人都知道，我们把西北的湖泊都称为"海子"，甚至把沙漠都叫"瀚海"，海在西北是不缺乏的，所以这块带着"海"字的碑才是真正的碑。在这块碑刻上，我们可以看到公元137年，当汉字从篆书变成隶书的时候，"敦煌"这两个字是图9这样写的。

《裴岑碑》的发现非常重要，从清代以来，碑学在书法界兴起，这块《裴岑碑》现藏于新疆维吾尔自治区博物馆，不太容易看到，但是这块碑石的拓片却非常早、非常多地流传民间，有人就专门用它练习汉隶，觉得非常朴实。例如乾嘉年间的伊秉绶写的隶书，"敦煌"两个字被他临写得非常大气（图10）。还有一位敦煌学的泰斗人物、当代国学大师饶宗颐先生，也都练过《裴岑碑》，所以这块碑跟书法界的联系一直很大，在历史学界的关注不是特别多，但是现在看来，它的历史学意义也非常重要。

《敦煌太守碑》的出现并不是孤立现象，1957年，我们在巴里坤还发现了比《敦煌太守碑》更早的一块碑，叫《任尚碑》（图11），是目前所见汉代西域最早的纪功碑，东汉永元五年（公元93年）碑，距离燕然勒石仅四年，比《敦煌太守碑》早了44年，但是1957年我们才发现，等到我们发现它的时候，因为又晚了很多时间，所以剩下的就这么几个字：

惟漢永元五年……

平任尚……

……

……海

至……道□臨物

我们从小学开始学习记叙文的三要素：时间、地点、人物，这个碑都有体现。王国维的二重证据法告诉我们，如果历史书里有记载，同时碑刻上出现，互为证据，就非常重要。

在《后汉书》中，任尚的名字出现在永元三年以来历次重要的汉匈事件中：

（永元三年）复遣右校尉耿夔、司马任尚、赵博等将兵击北虏于金微山，大破之，克获其众。北单于逃走，不知所在。（《后汉书》卷二三《窦宪传》）

（永元）四年，遣耿夔即授玺绶，赐玉剑四具，羽盖一驷；使中郎将任尚持节卫护屯伊吾，如南单于故事。（《后汉书》卷八九《南匈奴传》）

（永元）五年，于除鞬自畔还北，帝遣将兵长史王辅以千余骑与任尚共追诱将还斩之，破灭其众。（《后汉书》卷八九《南匈奴传》）

在窦宪的心腹中就有任尚：

宪既平匈奴，威名大盛，以耿夔、任尚等为爪牙，邓迭、郭璜为心腹。班固、傅毅之徒，皆置幕府，以典文章。（《后汉书》卷二三《窦宪传》）

东汉著名的西域都护班超曾经投笔从戎，在他快70岁的时候，给皇帝"打报告"说："臣不敢望到酒泉郡，但愿生入玉门关。"皇帝批准后，班超的接班人就是任尚。任尚很会打仗，但他不会经营管理。《后汉书》的《班梁列传》中专门有一段写任尚：

初，超被征，以戊己校尉任尚为都护，与超交代。尚谓超曰："君侯在外国三十余年，而小人猥承君后，任重虑浅，宜有以诲之。"超曰："年老失智，任君数当大位，岂班超所能及哉！必不得已，愿进愚言。塞外吏士，本非孝子顺孙，皆以罪过徙补边屯。而蛮夷怀鸟兽之心，难养易败。今君性严急，水清无大鱼，察政不得下和。宜荡佚简易，宽小过、总大纲而已。"超去后，尚私谓所亲曰："我以班君当有奇策，今所言平平耳。"尚至数年，而西域反乱，以罪被征，如超所戒。(《后汉书》卷四七《班梁列传》)

不管这个人在历史功绩上怎么样，但是这块碑留下来了。任尚是窦宪的爪牙，所以他学习窦宪的方式，哪怕一个很小的战争，他都会立一个纪功碑，这种风尚传承下去，成为我们纪功碑的一个传统。

《任尚碑》在刻石纪功形式的发扬光大上做出了贡献，将燕然刻石纪功约定俗成为边塞战争胜利的必然程序。《裴岑碑》的出现，则证明了"燕然山铭"之后，敦煌郡作为最接近西域的中原王朝地方机构，承担了与北匈奴正面抗衡的主力作用。河西四郡的建立确实也对保护中央和丝绸之路的畅通起到了巨大的军事作用。

清朝的许瀚说："《裴岑碑》原拓本难得，西安碑林、济宁学宫均有摹刻本。"现在济宁学宫已经看不到摹刻本了，但是在西安碑林博物馆第一室就有这块碑（图12），但这是摹刻本，真正的《裴岑碑》现藏于新疆维吾尔自治区博物馆（图13），但很可惜只留下了上半截，在永和二年下面"敦煌"两个字丢了，幸亏有早年的拓片在，所以这个石刻跟敦煌的关系还是能够证明的。

后来我们还发现过一块比《敦煌太守碑》晚三年的碑，叫《沙南侯碑》（图14），发现于天山南路上。碑上的三个字"焕彩沟"是清朝人写的，从《沙南侯碑》双钩本上面可以看出这块碑的时间、地点、人物都有（图15），所以这块碑也可以被证明在那样的时刻出现，是跟汉匈战争有关系的，也许是敦煌派兵出去征战。因此关于汉代的汉匈战争纪功碑，在丝绸之路的发展大概是以上所讲这四块。战争纪功碑的传统，就在汉文化里面被传承下来。

三、唐代丝路战争纪功碑

汉唐中间经过了五胡十六国等南北朝分裂时期，下一步针对丝绸之路的经营就到了南北统一的唐代贞观年间。贞观十四年（640年）平定高昌国，把这个地方建为和中原内地一样的西州。从640年开始，进行了一系列的西征行动。那时候的纪功碑有《姜行本碑》（图16）和《侯君集碑》。高昌国的副总管姜行本，在巴里坤准备了许多松树做成了抛石机、撞门机去攻打高昌城。在那里就立了一块俗称《姜行

图12 《裴岑碑》摹刻本，西安
碑林博物馆藏

图13 《裴岑碑》，新疆维吾尔自
治区博物馆藏

图14 《沙南侯碑》

图15 《沙南侯碑》双勾本

图16 《姜行本碑》，新疆维吾尔
自治区博物馆藏

图12	图13
图14	图15
图16	

本碑》的纪功碑。碑文的第一句话是："昔匈奴殄灭，窦将军勒燕山之功；闽越泯清，马伏波树铜柱之迹。"就是说在过去战争进行的时候，北方的战争是以窦宪燕然山铭为标志，而南方是以马援树立铜柱为标志，所以今天北方的战争，要用纪功碑的方式来继承前人的这种做法。从此以后，唐朝所有的丝绸之路上的战争都有碑留下来。例如，贞观二十二年（648年）的《阿史那社尔纪功碑》，是平定龟兹国的纪功碑。

到了龙朔元年（661年），葱岭（帕米尔）西边的一些国家也开始纷纷效忠唐王朝，《唐西域记圣德碑》就建立在今天的阿富汗北部，可是在阿富汗北部什么地方呢？还有待于我们去寻找它。另外，西突厥也成为唐朝比较大的劲敌，有一次战争就在今天吉尔吉斯斯坦的碎叶城展开，碎叶城被设为了唐朝"安西四镇"最西北的一个重镇，在那里也建立了纪功碑，就是调露元年（679年）裴行俭《碎叶纪功碑》。开元三年（715年），费尔干纳与吐蕃联手，龟兹镇将军张孝嵩被派去跟费尔干纳进行战征，建立了《拔汗那纪功碑》，费尔干纳在唐朝叫拔汗那。这些碑都在历史书上有所记载。

另外，《姜行本碑》还不止一处，在《沙南侯碑》上除了看到汉代的记载外，也发现了"贞观十四年六月……唐姜行本"的字样，所以《姜行本碑》在哈密出现了两块。

《侯君集碑》我们现在还没有找到，但是据《旧唐书·侯君集传》记载外："高昌王麴文泰时遏绝西域商贾，太宗以君集为交河道行军大总管，讨之。……君集分兵略地，遂平其国，俘智盛及其将吏，刻石纪功而还。"《侯君集碑》是在高昌国出现，因此在高昌国的某一个地方可能还埋着这块碑。

《阿史那社尔纪功碑》在《旧唐书·龟兹传》中有记载："太宗遣左骁卫大将军阿史那社尔为昆山道行军大总管，与安西都护郭孝恪、司农卿杨弘礼率五将军，又发铁勒十三部兵十余万骑，以伐龟兹。……前后破其大城五所，虏男女数万口。社尔因立其王之弟叶护为王，勒石纪功而旋。"

《唐西域记圣德碑》在《通典·边防》中有记载："吐火罗，一名土豁宜，后魏时吐呼罗国也，隋时通焉。都葱岭西五百里，在乌浒河南，即妫水也。……大唐初，属西突厥。高宗永徽初，遣使献大鸟，……夷俗谓为驼鸟。龙朔元年，吐火罗置州县使王名远进《西域图记》，并请于于阗以西、波斯以东十六国分置都督府及州八十、县一百、军府百二十六，仍于吐火罗国立碑，以纪圣德。帝从之。"

裴行俭《碎叶纪功碑》在张说《裴行俭碑》中有记载："公讳行俭，字守约，河东闻喜人也。……仪凤二年，十姓可汗匐延都支及李遮匐潜构犬戎，俶扰西域。……高宗善其计，诏公以名册送波斯，兼安抚大食。……裹粮十日，执都支于帐前；破竹一呼，钳遮匐麾下。华戎相庆，立碑碎叶。"在《唐书·裴行俭传》

中也有记载，"将吏已下立碑于碎叶城以纪其功""将吏为刻石碎叶城以纪功"。但是我们今天都没有找到这些纪功碑，当然，一些作为旁证的汉文碑刻还陆续有所发现。

唐代丝路纪功碑勒石出现的地点首先是在库舍图岭（伊州），然后是高昌国（西州），接着是龟兹（安西大都护府），更远的地方在吐火罗斯坦（阿富汗东北部），西北到达碎叶城（吉尔吉斯斯坦阿克·贝西姆遗址），最后一个是开元三年的《拔汗那纪功碑》，在拔汗那（乌兹别克斯坦费尔干纳盆地）。在唐朝，这些地点都属于安西四镇的范围。举一个旁证例子，我们在碎叶城找到了一块碎叶镇守使杜怀宝的记载石刻（图17），能够证明碎叶城确实是有汉文化的痕迹留下来。今天可以看到碎叶城的建制确实都是唐朝，因为是四方城，而不是来自希腊、罗马的圆形城墙。1992年，在碎叶城还发现了另一块碑，上面是汉字，陕西师范大学周伟洲教授做过考证。从上面说到的"前庭""后庭"等名词来看，这就是一块碎叶纪功碑的残件，但很可惜，虽然有那么多字，却没有时间、人物。汉唐西域纪功碑的意义就是让我们知道了在汉和唐的时候有不同的战争动向。

四、汉唐西域纪功碑与战争形势

汉代西域的争夺战主要发生在中原汉王朝联合天山南部的绿洲国家与天山北部的匈奴游牧部落之间，这一时期及其以后西域的战争形势，表现为汉王朝以敦煌为大本营与盘踞在蒲类海一带的北匈奴之间的交锋。因此，汉代西域纪功碑必然大量

图17 "杜怀宝"造像基座

地出现在东部天山沿线，并且更多以库舍图岭为南北主要通道的天山地区。

唐代对西域的经营一开始就获得了对伊州的控制权，并且逐渐向西推进，在同时取得对东部天山南北路（以西州、庭州为中心）的控制权、形成伊西庭的三角稳定区后，再度向西挺进，与西突厥和吐蕃、大食势力展开争夺。因此，唐代西域纪功碑必然随着唐王朝的西进而形成以伊州为中心的涟漪向西辐射，遍布在西域大地取得节节胜利的任何一个地点，一直到葱岭以西。

五、影响与发展——清代丝路纪功碑的新动向

清代以后重新开始进行西北经营的时候，纪功碑也在这个时候出现了。"焕彩沟"碑的这三个字原是"棺材沟"，岳钟琪将军路过这里，觉得"棺材沟"不吉利，又看沟内有斑斓夺目的众多鹅卵石，于是下令改为"焕彩沟"。乾隆十年平定准噶尔过程中，清朝的笔帖式就把"焕彩沟"三个字刻在了前述写着汉代和唐代纪功文字的大石头上。

"焕彩沟"不是真正的纪功碑，真正的纪功碑是乾隆二十年（1755年）"平定准噶尔勒铭格登山之碑"、乾隆二十四年（1759年）"平定回部勒铭伊西库尔淖尔碑"。"平定准噶尔勒铭格登山之碑"在今天伊犁昭苏县的格登山上，这里是中国和哈萨克斯坦的边界（图18）。碑的正面有满文和汉文，背面是蒙文和藏文，这一点比汉唐纪功碑有一个进步，就是我们要照顾多民族的阅读。"平定回部勒铭伊西库尔淖尔碑"在今天帕米尔高原的伊西库尔淖尔湖（叶什库勒湖）（图19），今天已经属于塔吉克斯坦。我到了湖泊边上，拿着苏联时期的考古书籍，但没有找到考古报告当时的碑座，后来在当地博物馆找到了"平定回部勒铭伊西库尔淖尔碑"的碑座（图20），证明在清代前期，我们已经有效地控制了整个帕米尔高原。根据记载："大小和卓迫使他部族中的妇孺骑着骆驼和马投入湖中，以免落入敌手。"今天在这一带的柯尔克孜人中还流传着这个悲恸的传说，还经常有人听见湖边传来

图18 "平定准噶尔勒铭格登山之碑"

图19　伊西库尔淖尔湖（叶什库
勒湖）

图20　"平定回部勒铭伊西库尔
尔碑"碑座

图19 ┃ 图20

的人和动物的呼喊声，那是对死亡的恐惧。通过传说也确实可以反映当地发生过的事。

　　清朝的纪功碑相较之前有一个变化，就是不在战争的前线首次立碑，第一块碑是在太庙立碑，我们以平定准噶尔的战争立碑来说明。平定准噶尔立碑过程首先是"勒石太学"，以乾隆二十年（1755年）五月克定伊犁为标志，乾隆御笔"平定准噶尔告成太学碑"（图21），在六月的告祭典礼中立碑京师文庙。一场战争的胜利首先告知孔子，清代国子监为左庙右学，当一个学子要求学之前先要拜孔子，在这个过程中，纪功碑就会成为知识分子的耳濡目染。每一块碑都有一座亭子，可见清朝在孔庙的位置布置上面，对平定边疆的纪功碑非常重视。平定准噶尔立碑过程第二步是"勒石战地"，即在战争经行的地方和战争发生的地方立碑。傅恒等《平定准噶尔方略》正编卷一二（乾隆二十年五月壬辰）："以大兵平定伊犁捷奏。……其大兵所过地方，有应行勒石之处及伊犁地方，应建丰碑，并请御制碑铭，敬请镌石，以昭盛典。并开馆纂辑《平定准噶尔方略》，昭示奕禩。奏入，上从之。"所以"平定准噶尔勒铭格登山之碑"是在战争结束以后第五年才在战争发生的地方立的碑。

　　如果纪功碑到此为止，这个题目也没什么可讲，现在我要讲的是在我研究纪功碑的时候，忽然发现一篇文章《读〈平定准噶尔告成太学碑〉》（《中原文物》1993年3期），介绍河南镇平县的平定碑。这不是很奇怪吗？难道战争发生在这个地方吗？其实不是。当我继续沿着这个线索去捕捉的时候，才发现在当时全国大多数的地方文庙里面立过4块平定碑："平定青海告成太学碑""平定回部告成太学碑""平定金川告成太学碑""平定准噶尔告成太学碑"。所以建立纪功碑有第三步，就是在内地许多的文庙立碑来广而告之。

　　经过我们今天的调查，有很多地方如苏州的文庙、郑州的文庙（图22、图23），我们都发现了纪功碑。江苏有很多地方，如宜兴就有一块"平定青海告成太学碑"，另外溧阳、丹阳也有（图24、图25）。

　　上海的宝山区（清代的宝山县）文庙是今天的陈化成纪念馆，也有纪功碑，但石刻全扔在了旁边，所有的文字都朝下面，用手把土挖掉，把相机伸进去拍照，可以看到"平定回部"的字样（图26）。

御制平定准噶尔，告成太学碑

清乾隆二十年（1755）平定漠西蒙古准噶尔部的御制纪功碑。

In 1755, the 20th year of the reign of Qianlong, this stone tablet was made to mark the successful suppression by the Qing government of the riot of Junggars in Mongolia.

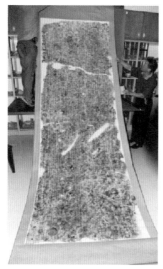

图21 "平定准噶尔告成太学碑"

图22 纪功碑，苏州石刻博物馆藏

图23 郑州发现的纪功碑，郑州文庙藏

图24 江苏宜兴的"平定青海告成太学碑"

图25 江苏溧阳纪功碑拓片

图26 上海宝山区纪功碑

| 图21 | 图22 | 图23 |
| 图24 | 图25 | 图26 |

西安碑林有七块平定碑，其中第一块就是"平定金川告成太学碑"，这些碑刻在西安碑林，虽然建成年代很晚近，但对于证明后来中华民族的统一是很有意义的。

在黄陵县也发现了纪功碑（图27），兰州大学敦煌学研究所的魏迎春和郑炳林老师写过一篇文章，叫《黄陵县发现乾隆年间平定准噶尔告成碑》。但是他们没有搞清楚这块碑是什么，因为这块碑只剩下半部分了，标题在上半部分，我们把下半部分内容拓下来，发现这就是《平定准噶尔告成太学碑》。

远到南方的云南省红河哈尼族彝族自治州建水县文庙，西碑亭立"御制平定回部告成太学碑"，东碑亭立"御制平定青海告成太学碑"。

我们通过网上资料、地方资料和实地调查，发现纪功碑已经在全国大概18个省区出现。魏源《圣武记》卷三"康熙亲征准噶尔记"记载："古帝王武功，或命将，或亲征，惟以告于庙社，未有告先师者，在泮献馘，复古制，自我圣祖始。"立碑全国是地方官员的自发行为，但受到帝王的默许。其积极意义是形成了清代各

地文庙重要的标志和格局，使新疆塞防成为读书人耳濡目染的日常关注。因此后来的科举考试也配合出西北塞防的题目。

纪功碑从告于庙社到告成太学，再到立碑全国，告成天下，使告于太庙的行为从帝王一家之私事变成了天下一统之共识。

以上是我对丝绸之路的战争纪功碑从汉唐到清代的一个概说。我给这个演讲起的题目是《天涯静处——丝绸之路上的战争纪功碑》，正标题出处是唐朝的常建曾写过一首诗，其中写道：“天涯静处无征战，兵气销为日月光。”确实是通过千年以来无数的战争，我们才得到了和平融合的这个时刻，因此在回顾以往历史战争的硝烟之际，我觉得我们更应该十分珍惜这样一个天涯静处都和平美好的时光。

邱忠鸣 / Qiu Zhongming

北京服装学院长聘教授、中央美术学院博士、（美国）纽约大都会博物馆高级访问研究员、敦煌传统文化与中医药专委会成员、陕西师范大学丝绸之路历史文化研究中心特聘研究员，获（香港）利荣森纪念学人奖。研究方向：中古中国佛教艺术、汉唐服饰物质文化与观念史，汉唐视觉艺术之嬗变。主持多项国家级与省部级科研项目，在《文物》《敦煌学辑刊》《艺术史研究》《故宫博物院院刊》等核心期/集刊上发表论文40余篇，曾在（美国）宾夕法尼亚大学、（美国）纽约大学、（美国）纽约大都会博物馆、复旦大学、浙江大学、中央美术学院等国内外众多学术机构演讲。

壁上屏风
——一个敦煌吐蕃时期石窟壁画的个案

邱忠鸣

　　我和大家分享的是吐蕃时期敦煌石窟壁画中的屏风画或者说是屏障画，探讨它们是怎么进入艺术史书写的。

　　我想大家都认识《蒙娜丽莎》（图1），其实每次我们去卢浮宫的时候，这幅画前都有众多的游客。虽然这幅画的体量是不太大的，但是大家非常熟悉。我在北京服装学院授课的这十多年来，经常在上中国美术史课之前，把《蒙娜丽莎》和《洛神赋图》（图2）的图片给同学们看，让我吃惊的是《蒙娜丽莎》每个人都知道，但好多同学都不知道《洛神赋图》。这让我受到一些刺激，其实可以说这两幅画分别代表了西方和中国古典人物画的一个高峰。

　　于是我就开始去想这背后的一些原因，我开始思考中国传统绘画是怎么形成的。例如关于写实的问题，早期的中国画家是不是就不懂得怎么去写实。但其实我们看早期的艺术史，尤其是在有许多新的考古发现之后，我们就会发现原来中国人很早就已经擅长写实的技法了，那么为什么早期传统写实的技法到后来没有成为一个主流？这其实是我们这些研究艺术史的学者很关心的一个问题。

　　为探索这些问题，我们很有必要将石窟壁画、墓葬壁画甚至是卷轴画联系起来进行考查。这是从视觉艺术的角度出发来研究形式、内容、再现方式、叙事结构乃

图1 ｜ 图2

图1 《蒙娜丽莎》，法国卢浮宫博物馆藏

图2 《洛神赋图》（东晋），顾恺之

至"中国绘画传统"的形成等相关问题的一种方式，也许会提供与文献记载各有损益的另一种历史。

《周礼·天官冢宰·掌次》关于"设皇邸"的记述是比较可靠的最早有关屏障的文献记载，说明至迟在西周初年就有屏障的使用。此后屏障在历代的宫殿居室和绘画艺术中大量使用，一直延续到十分晚近的时期。屏障的形制大致可分为一面直立的屏板式、曲尺形张合式或三面围屏式、可折叠或展开的多曲屏扇式三大类。❶

第一类就是一面直立的屏板式屏障，类似于建筑中四合院的照壁，当然一直到今天在房间里都还有很多这种一面直立的屏板式屏障。长沙马王堆西汉墓就出土了一面直立的木质屏风（图3）。

第二类曲尺形张合式或三面围屏式尚值得进一步说明。例如，河北安平逯家庄汉墓右室壁画线描示意图里（图4），在墓主人的背后有所谓三面围屏式的屏风。另外，在王齐翰《勘书图》里出现所谓曲尺形张合式屏风（图5、图6），但考古发现

图3
图4

图3　西汉木质屏风，长沙马王堆墓出土

图4　河北安平逯家庄汉墓右室壁画线描示意图（东汉）

❶ 此种分类法按李力的分类总结而成。参见李力《从考古发现看中国古代的屏风画》，《艺术史研究》第一辑，中山大学出版社，1999年，第277页。其中第二类曲尺形张合式或三面围屏式尚值得进一步说明。考古发现的屏风除实物外，大多数为在二维平面上绘制的图像，因此不应该忽视视觉表现与实物之间可能存在的差异。图像中的"曲尺形"张合式屏风可能就是三面围屏，这是因为绘画的作者为了画面构图或内容的需要和引导观者视角的延伸，而很可能省略掉三面围屏中离观者最近的一面。关于置于床榻周围的三面围屏式屏风，扬之水将考古发现与诗赋结合，认为折叠式的多曲屏风设于床侧，单幅行障则置于床头。参见《终朝采蓝》，第31页。

图5 《勘书图》(五代),王齐翰

图6 曲尺形张合式或三面围屏

图5
图6

的屏风除实物外,大多数为在二维平面上绘制的图像,因此不应该忽视视觉表现与实物之间可能存在的差异。图像中的"曲尺形"张合式屏风可能就是三面围屏,这是因为绘画的作者为了画面构图或内容的需要和引导观者视角的延伸,而很可能省略掉三面围屏中离观者最近的一面。

第三大类为可折叠或展开的多曲屏扇式,如正仓院藏鸟毛立女屏风(图7)。

根据巫鸿先生对屏风意义的划分❶,屏风/障有三重含义:

第一,作为三维空间中的实物,屏风可用来区分建筑空间;

第二,作为二维平面,屏风可用来绘制图画;

第三,作为画中所绘的图像,屏风可用来构造画面空间、提供视觉隐喻。

其中,第一重含义是最为明显的。

《韩熙载夜宴图》里屏风也是作为非常重要的存在(图8),有分割画面场景的作用。而卷轴画与油画的阅读方式是非常不一样的,其实古代人在观赏卷轴画时,一般处于一个私密空间,主人或邀上三五好友,在书斋或庭院里,他会左手把卷轴展开,赏完一段,右手卷回来,边展边卷边看,卷轴画的观赏中有一个重要特点,就是有时间的流动在里面。《韩熙载夜宴图》里面,屏风在一定程度上能影响阅读画面的节奏。

---

❶ 巫鸿指出,作为三维空间中的物体,屏风可用来区分建筑空间;作为二维平面,屏风可用来绘制图画;作为画中所绘的图像,屏风可用来构造画面空间、提供视觉隐喻。参见巫鸿《重屏》,第23页。

7　鸟毛立女屏风（约盛唐），日本正仓院藏

8　《韩熙载夜宴图》（五代），顾闳中

图7

图8

　　《重屏会棋图》这幅画本身是绘制在屏风上的（图9），那么在画中出现一面直立的屏板式屏障，然后在屏障的上面它又表现了三面围屏式的画屏。这是一种在屏风上的屏风上作画的"画中画"的手法，有点像电影《盗梦空间》的感觉。

　　陕西富平朱家道村盛唐壁画墓（图10）中的屏障画布局很有意思，其配置大致为，正壁：围绕棺床后方及两侧的多曲画屏再现了墓主人生前居室中的榻后围屏；棺床对面的图障则再现了居室中作为隔断和装饰的"障"。这种配置中的一些因素在北周康业墓石榻围屏（图11）仍可见到余绪。

　　敦煌莫高窟第361窟为吐蕃时期的典型洞窟，正壁开龛，龛前无方坛，塑像基本置于龛内（塑像已失），此龛就是用围屏的方式进行表现，围屏上绘制画面。此正壁之龛便形成一个由屏风环围而成的尊位（图12）。这一空间格局正是模拟了与居室或寺院建筑中建筑与室内家具陈设相应的空间。龛内佛像两侧及后方由绘制的多曲屏风环围，而佛床之上为帷帐，这样便构成了一座建筑。

图9
图10

图9　《重屏会棋图》（五代），周文矩

图10　陕西富平朱家道村盛唐壁画墓中的屏障配置关系示意图

11 陕西西安炕底寨村北周康墓石榻围屏画像配置关系示意，北周天和六年（571年）

12 莫高窟第361窟主龛围屏

13 莫高窟第231窟北壁经变示意图

图 11
图 12
图 13

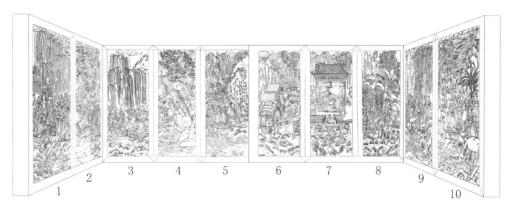

　　另外还有一种形式，即莫高窟第231窟北壁经变画分上、下两栏，在与每铺经变正对的下栏则绘四曲画屏（图13）。这成为吐蕃时期非常特殊的一种形式。按上文所述的三种形制与三重含义的划分，吐蕃时期敦煌石窟中的画屏（障）当细化为在二维平面上绘制的带图像的围屏和多曲屏。

药师经变				华严经变				弥勒经变			
十二大愿	十二大愿	九横死	九横死	华严诸品	华严诸品	华严诸品	华严诸品	收获	回城	下生	嫁娶

一、建筑空间的模拟与视觉转译

（一）围屏的空间：石窟的主人

莫高窟第361窟西壁龛内塑像身后是龛内多曲画屏，而许多遗例显示出许久以来中国墓葬壁画传统中正壁的墓主画像（正壁前墓主人的棺椁代表墓主人的肉身）身后亦有多曲围屏。莫高窟龛内塑像与其身后的画屏构成一个空间，这个空间也许是整个洞窟内视觉呈现中最重要的部分，这与传统墓葬壁画中正壁的墓主及其身后的围屏所构成的空间在视觉上的呈现有着惊人的相似。而空间的主人一个是墓室的主人，一个是石窟的"主人"。

检视墓葬艺术，举例墓主画像后有围屏的遗例：熹平五年河北安平逯家庄汉墓右室壁画（图14）、东晋女史箴图（图15）、北魏山西大同沙岭壁画墓墓室东壁壁画墓主夫妇（图16）、北魏山西大同智家堡石椁北壁墓主夫妇（图17）、北齐山东济南东八里洼北齐墓墓室壁画（图18）、北齐山东济南马家庄道贵墓墓室后壁壁画（图19）、北周陕西西安炕底寨村北周康业墓石榻围屏画像等。

（二）正面端严——上下二栏障与屏的组合

吐蕃时期敦煌石窟中的画屏大都处于较下的位置，与屏障在居室或佛寺殿堂中的位置相当。以图13中的莫高窟第231窟为例。南、北、东三壁的壁画分上下两栏（上栏约占整壁高度的三分之二），其配置多为每壁上栏绘三铺或二铺经变画（东壁门上方为阴嘉政父母供养像），在与每铺经变正对的下栏则绘四曲画屏。唐武周时期山西太原金胜村M7墓顶西壁也有类似的构图（图20）。

这种分上下两栏，上为大幅或巨幅画面、下为多曲画屏的形式初见于北齐天保二年山东临朐海浮山崔芬墓（551年）的东、北、西三壁（图21、图22），但这种布局在北朝山东或其他地区是一个独例。可有趣的是，该墓西、北二壁中部

图14　河北安平逯家庄汉墓中室四壁壁画线描示意图，熹平五年（176年）

图15
图16

图15　女史箴图（局部）（传），东晋，顾恺之

图16　山西大同沙岭壁画墓墓室东壁壁画墓主夫妇，北魏太延元年（435年）

图 17

图 18

图 19

图17　山西大同智家堡石椁北壁
墓主夫妇（摹本），北魏平城时期

图18　山东济南东八里洼北齐墓
墓室壁画线描示意图，北齐

图19　山东济南马家庄道贵墓墓
室后壁壁画线描示意图，北齐武
平二年（571年）

图20　唐武周时期山西太原金胜村M7墓顶西壁

图21　山东临朐海浮山崔芬墓墓室东壁壁画线描示意图，北齐天保二年（551年）

图20
图21

0　　　50厘米

图22　山东临朐海浮山崔芬墓墓
室北壁壁画线描示意图，北齐天
保二年（551年）

也开龛，龛两侧有屏风画，与吐蕃时期敦煌石窟西壁开龛结合屏障画的形式也很相似。

　　在已发现的东魏北齐壁画墓中，山东地区壁画墓有一个极为鲜明的区域特点就是：从现存的四座壁画墓来看，其中三座墓内均绘有多曲画屏（崔博墓壁画保存不佳，仅存墓门内两侧武士），而这一现象在邺城和太原地区则不典型。五胡乱华、晋室东迁以后，北方的汉文化传统有一个较大的断裂。转折发生在北魏孝文帝改制之时。孝文帝起用以青齐士族清河崔氏等为代表的冠冕旧族，原因多半是青齐等地的士族世代相传汉文化传统，以及青齐地区处在南北交通的前沿，而青齐士族与南朝士人有着相对较多的交往或关联。

　　因此从图像材料来看，该地区佛教艺术和墓葬壁画均表现出与南朝的诸多联系。我们不妨将山东地区看成是汉文化传统延续性较强的地区。那么如果我们就此下一结论：吐蕃时期敦煌石窟中的屏障画或壁上开龛配置画屏就是受以崔芬墓为代表的北齐墓葬壁画的影响，则未免走得太远。但这并不排除一点：二者之间似乎存在着间接联系，显示出此时敦煌石窟中的画屏与汉族文化有着明显的关系，而这与同时期的莫高窟第158窟有着明显差异。

二、意义的模糊——隐喻还是借喻？ ❶

巫鸿进一步将作为绘画媒材的屏风与借喻相连，将作为绘画图像的屏风与隐喻联系起来。❷作为一种视觉表现形式——吐蕃时期敦煌石窟中的屏障画，其在屏障的视觉呈现上表现出过渡时期的特征。

绘画中表现屏风的三个阶段分别是汉代、汉以后到唐、宋及宋以后。

（一）汉代

汉代，作为构图因素，屏风上的画常被省略（素屏），如山东金乡县朱鲔祠堂画像上利用屏风营造视觉效果，制造视觉中心（图23）。

（二）汉以后到唐

汉以后到唐，绘画之中表现画屏或画障，其意义更多的是再现或借喻（借喻：

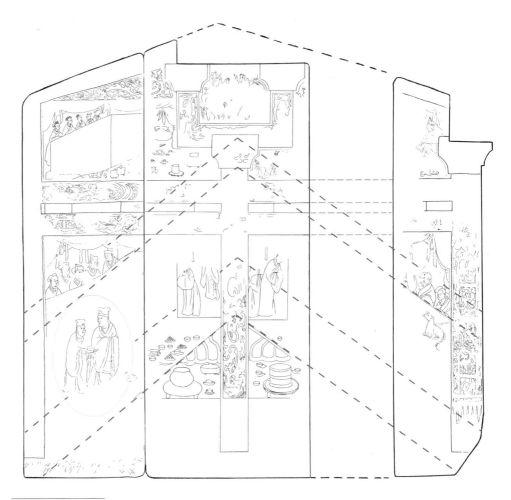

图23　山东金乡县朱鲔祠堂画像线描示意图（2世纪）

---

❶ 语言学家、符号学家罗曼·雅各布森(Roman Jakobson)最广为人知的理论是他区分了文学作品中的借喻(Metonymic)和隐喻(Metaphoric)。借喻基于相邻性和顺序性原则，具有写实性、再现性的特点，而隐喻则涉及相似性和替换性原则，具有象征性、表现性的意义。—— Roman Jakobson, "Two Aspects of Language and Two Bypes of Aphasic Disturbances", in R. Jakobson and M. Hale ed., Fundamental of Language, The Hapue, 1956: 109-114.

❷ 巫鸿进一步将作为绘画媒材的屏风与借喻相连，将作为绘画图像的屏风与隐喻联系起来。——巫鸿《重屏》，第15-16页。

再现内容的画屏）。

屏障分割空间甚至时间的例子在文学作品中出现较早，最为典型的例子当数南梁吴均《续齐谐记》❶中的那则著名的《鹅笼书生》。

阳羡许彦，于绥安山行，遇一书生，年十七八，卧路侧，云脚痛，求寄鹅笼中。彦以为戏言，书生便入笼，笼亦不更广，书生亦不更小，宛然与双鹅并坐，鹅亦不惊。彦负笼而去，都不觉重。前行息树下，书生乃出笼，谓彦曰："欲为君薄设。"彦曰："善。"乃口中吐出一铜奁子，奁子中具诸肴馔。……酒数行，谓彦曰："向将一妇人自随。今欲暂邀之。"彦曰："善。"又于口中吐一女子，年可十五六，衣服绮丽，容貌殊绝，共坐宴。俄而书生醉卧，此女谓彦曰："虽与书生结妻，而实怀怨，向亦窃得一男子同行，书生既眠，暂唤之，君幸勿言。"彦曰："善。"女子于口中吐出一男子，年可二十三四，亦颖悟可爱，乃与彦叙寒温。书生卧欲觉，女子口吐一锦行障，遮书生，书生乃留女子共卧。男子谓彦曰："此女虽有情，心亦不尽，向复窃得一女人同行，今欲暂见之，愿君勿泄。"彦曰："善。"男子又于口中吐一妇人，年可二十许，共酌戏谈甚久，闻书生动声，男子曰："二人眠已觉。"因取所吐女人还纳口中，须臾，书生处女乃出，谓彦曰："书生欲起。"乃吞向男子，独对彦坐。然后书生起，谓彦曰："暂眠遂久，君独坐，当恓恓邪？日又晚，当与君别。"遂吞其女子，诸器皿悉纳口中，留大铜盘可二尺广，与彦别曰："无以藉君，与君相忆也。"彦大元中为兰台令史，以盘饷侍中张散；散看其铭，题云是永平三年作。

在这则故事中，寄居鹅笼的书生从口中纷纷幻化出奇妙的多维度空间。而为了遮蔽书生的目光，从那位书生口中吐出的女子又从自己口中吐出一具"锦行障"，因此成功地将书生的目光与她的情人（书生的情敌）及其活动的空间分隔开来。就这样，"锦行障"内外宛如两个不相干的时空，而"锦行障"就成为一个分割空间、时间的媒介。

从目前遗存的图像作品来看，视觉艺术中有意识地利用这种空间"幻术"的手法似乎晚于文学作品。中唐画工们已经开始利用屏障来有意识地分割空间，当然他们对这种空间的处理方式并不绝对严格，更多是作为一种绘画媒材而存在。

即便如此，我们无法否认的一个事实是：吐蕃时期敦煌石窟壁画中的屏障画具有重要的价值，并且显示出较强的汉族传统文化的特征，在吐蕃时期反而显示出与汉族传统文化的联系，这是一个颇为值得深思的问题。

---

❶（明）《顾氏文房小说》本，参校《虞初志本》、鲁迅辑校本等诸本。

（三）宋及宋以后

宋及宋以后，画屏或画障成为诗意的空间，更多的是象征或隐喻（隐喻：诗意栖居之所）。

这幅《早春图》（图24），我们今天都把它看作一个挂轴，但是原本它并不是挂轴，而是在屏风上的画。在这里，屏风能够作为"绘画媒介"。而在五代、宋以后的画作中，我们能够看出屏风蕴含着隐喻和诗意（图25、图26）。

"实物"价值最为突出的屏风出现较早，专门作为"绘画媒材"来利用的屏风则相对较晚，而作为"绘画图像"的屏风表现最终的成熟则伴随着卷轴画的发展与高度成熟而出现。当艺术家手持画笔，面对作为绘画媒材的屏障时，屏障必定是正面相对的；而当艺术家面对作为绢质或纸质的媒材来再现作为画面构成因素的画屏或画障之时，屏障则具有或正面、或侧面的多种风貌。前者具有"再现"或"借喻"的功能，后者则十分有利于"象征"或"隐喻"的表现。我们不难注意到吐蕃时期敦煌石窟壁画中的画屏（障）似乎介于两者之间，具有较强的过渡期的特征。它已经采用在二维平面上表现画屏（障）的形式，但几乎为正面，表明其作为"绘

图24 《早春图》（北宋），郭熙

图25

图26

图25 《吹箫引凤图》（明），仇英

图26 《竹院品古图》（明），仇英

画媒材"的突出特点，却并没有利用屏风作为表现画面空间、视觉隐喻的形式。因此它尽管已经采用适合表现"隐喻"的形式，其本质仍为"再现"或"借喻"。

吐蕃时期的敦煌画屏介于壁画与卷轴画之间。据薛永年先生研究，"这种绢画或裱于墙壁，或悬挂于墙壁，因绢幅的门面有一定尺度，制作壁画如不拼接缝合，便需要由数幅组成一铺，唐诗中'流水盘回山百转，生绡数幅垂中堂'者，却是不贴于壁面而由数幅组成的活动壁画。"❶在卷轴画大量兴起之前，作为绘画媒材的屏风、绢本壁画之绢本的面貌较为含混，具有过渡时期的特征，而同时期敦煌壁画中的屏障画也具有这一特点。

三、雇主的趣味与心声

关于画屏与汉族传统文化之间的关系问题，主要关乎艺术接受的问题。石窟的营建是雇主（或窟主）和工匠之间协商互动的结果。形式与题材的选择并非被动。工匠提供可供选择的艺术形式，而雇主最终确定的结果则反映出艺术接受的问题。因此今天呈现在我们面前的吐蕃时期的屏风画样式必然反映出雇主的艺术趣味，尤其是敦煌世家大族的趣味与心声问题。

这种用正面的画屏（障）表现经变画的方法能够：第一，有效利用空间，充分利用有限的壁面来绘制复杂的经变画。这对于敦煌石窟吐蕃样式的建构也起了相当重要的作用。第二，在吐蕃统治的特殊时期，画屏（障）易于被吐蕃时期的敦煌世家大族接受。

考查艺术史，我们发现有一组似乎可以拿来类比的突出现象：在吐蕃时期，位于西北边陲的敦煌，其汉族传统文化凸显；在元朝蒙古族的统治下，江南一隅却有水墨文人画的高峰。

两者之间是否有些相似之处？吐蕃时期造窟的敦煌世家大族在中国艺术史传统的形成中起着什么样的作用？莫高窟第361窟是吐蕃晚期洞窟，而且很可能有出自吐蕃本土的身份较高的吐蕃人参与建造。那么亲身经历了敦煌本地汉文化的吐蕃人又面临着怎样的文化选择呢？这都是值得我们进一步思考的问题。

另一个例子（图27），园林是极具中国传统特色的艺术或建筑形式之一。对建筑中轴线的宏观考查似乎可以带给我们一些新的观察。明清紫禁城（北京故宫）代表着中轴线左右对称布局的严整的建筑样式（图28），是皇权至上的政治意识形态的代表。在当时的朝堂政治之外，士人如何安顿心灵？文人画、园林似乎可以在一定程度上提供一个解决的方案。园林彻底解构了中轴线（图29），园中多个

---

❶ 薛永年《晋唐宋元卷轴画史》，新华出版社，1991年，第2-3页。

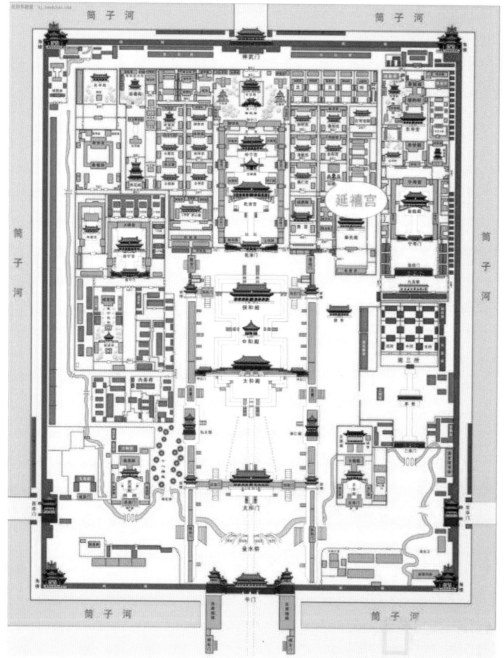

图27　园林与故宫

图28　故宫平面图

图29　留园平面图

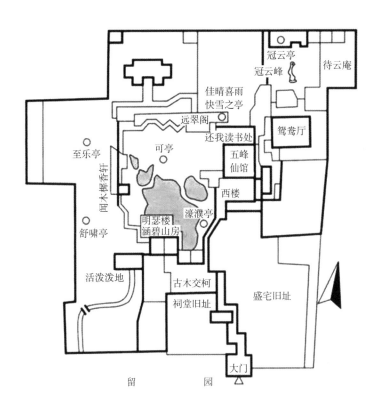

中心就是没有中心。士人以散点式布局来重构疏离的时空，从而构建精神自由的家园。

　　而在吐蕃时期，屏风（障）或可成为汉族士人安顿心灵的一种汉文化传统的寄托或形式。

四、结语

　　简而言之，吐蕃时期敦煌石窟壁画中的屏障画具有重要的价值。其在美术史上的价值至少在于两方面：一是可以成为我们研究石窟壁画、墓室壁画和卷轴画的一个连接点，从其视觉呈现方式或可观察到"中国传统绘画"形成的过程。二是这些屏障画具有较强的汉族传统文化的特征，在吐蕃统治时期反而显示出与汉族传统文化的密切联系。正是长期以来上述各种复杂因素的共同作用塑造了"中国人"的视觉艺术传统，这种传统与我们今天观看世界的方式也许不无关系。

赵燕林 / Zhao Yanlin

毕业于西北师范大学美术学系，2009年获文学硕士学位，现任敦煌研究院考古研究所所长助理、副研究馆员。研究方向：古代美术史、石窟艺术等。已刊著述10余篇（部），著作有《兰州耿家脸谱》《兰州刻葫芦》《兰州黄河大水车》。论文有《敦煌早期石窟中的"三圆三方"宇宙模型》《莫高窟第220窟维摩诘经变中的帝王图像研究》《唐代莫高窟维摩诘经变中的帝王像及其服制研究》《莫高窟三兔藻井图像文化释义》等。

敦煌初唐维摩诘经变中的珥貂大臣

赵燕林

一、敦煌唐代维摩诘经变中的珥貂大臣

敦煌莫高窟现存唐代"维摩诘经变"共计33铺，除漫漶不清的4铺和唐初的7铺相对简单的旧式维摩诘经变之外，其余22铺均以新样维摩诘经变（后文简称"新样维摩变"）的形式呈现。敦煌初唐新样维摩变共计三铺，分别绘制于第220窟东壁、第332窟北壁、第335窟北壁❶。此种与南北朝图像有着比较紧密关系的维摩诘经变❷，又被称为"长安新样"或"贞观新样"维摩诘经变（后文简称"新样维摩变"）❸，最早出现在开凿于唐贞观十六年（642年）的莫高窟第220窟中。此外，初唐时期绘制有新样维摩变的还有第332窟和第335窟，共计三铺。值得注意的是，在此三窟新样维摩变文殊菩萨一侧下部的中原帝王出行图队伍中，都不约而同地绘制有本文所论之"珥貂大臣"形象。

（一）莫高窟第220窟新样维摩变中的珥貂大臣

莫高窟第220窟开凿于唐贞观十六年（642年）❹，其东壁绘制有敦煌首例新样维摩变。在该经变中文殊菩萨一侧下部的中原帝王出行图中，一身头戴平巾帻右侧珥貂的大臣紧随帝王之后第一排右侧（图1）。该人物着"曲裾单衣"，方心曲领，委貌冠或进贤冠前部右侧插一貂尾，笏头履，手持一卷子。就现有的研究成果来看，段文杰先生认为此人物当系唐"'掌规谏，赞诏命'的中书令或右散骑常侍❺，叶贵良先生认为应系"常侍"❻，盛朝辉先生认为极有可能是"中书令"，而非常侍或其

❶ 赵燕林：《莫高窟唐代〈维摩诘经变〉中的帝王像及其冕服研究》，《敦煌学辑刊》2020年第1期，第135–148页。

❷ 于向东：《6世纪前期北方地区维摩诘经变的演变——兼论与南朝佛教图像的关联》，《艺术设计研究》2016年第4期，第14页。

❸ 荣新江：《贞观年间的丝路往来与敦煌翟家窟画样的来历》，《敦煌研究》2018年第1期，第1–8页。

❹ 莫高窟第220窟东壁门上墨书愿文榜题一方，末署"贞观十有六年敬造奉"；北壁《药师经变》灯柱题有"贞观十六年岁次壬寅"。据此可知，贞观十六年(642年)已画完该窟东壁和北壁。

❺ 段文杰：《莫高窟唐代艺术中的服饰》，《向达先生纪念论文集》，乌鲁木齐：新疆人民出版社，1986年，第220–275页。

❻ 叶贵良：《莫高窟第220窟〈帝王图〉"貂尾"大臣非中书令、亦非右散骑常侍》，《敦煌学辑刊》2001年第1期，第23–25页。

他❶。对比各类文献资料来看，前贤观点尚有可商榷之处，且均未论及有相似人物形象的初唐第335窟和第332窟，此值得关注。

（二）莫高窟第335窟新样维摩变中的珥貂大臣

莫高窟第335窟北壁新样维摩变绘制于圣历年间（698～699年）❷。在该经变文殊一侧帝王前部有二身珥貂侍臣，似为前导（图2）。此二身珥貂侍臣皆着"曲裾单衣"，方心曲领，委貌冠或进贤冠前部左侧插一貂尾，且冠前均垂"白笔"，手持一卷子。

（三）莫高窟第332窟新样维摩变中的珥貂大臣

莫高窟第332窟为李克让功德窟，其建窟时间不早于光宅元年（684年），与第335窟凿建时代相当，同为武周时期❸。与第335窟形式相似，其北壁亦通壁绘新样维摩变，在文殊一侧帝王前部亦有二身侍臣形象。因为画面局部漫漶，无法很好辨识帝王前部二侍臣是否珥貂。但经数字化处理该图之后，隐约可见此二人亦有头戴平巾帻且左侧珥貂的痕迹（图3）。这表明，第332、第335窟维摩诘经变系同一粉本而成，该窟二珥貂侍臣身份应与第335窟头戴平巾帻且左侧珥貂的人物相同，属同一职官。

图1　图2

图1　莫高窟第220窟，珥貂大臣
一身，右侧珥貂）

图2　莫高窟第335窟，珥貂大臣
二身，左侧珥貂）

❶ 盛朝晖：《也谈莫高窟第220窟帝王图'貂尾'大臣之身份》，《敦煌学辑刊》2005年2期，第77–84页。

❷ 贺世哲先生根据向达先生20世纪40年代的记录，发现第335窟北壁隐约可见的"圣历二字"，推测该窟北壁绘制于圣历年间(698～699年)。贺世哲：《从供养人题记看莫高窟部分洞窟的营造年代》，敦煌研究院编《敦煌莫高窟供养人题记》，北京：文物出版社，1986年，第202页。

❸ 贺世哲：《从供养人题记看莫高窟部分洞窟的营造年代》，敦煌研究院编《敦煌莫高窟供养人题记》，北京：文物出版社，1986:203。

图3 莫高窟第332窟，珥貂
大臣（二身，左侧珥貂）

总的来看，此三窟在时代分期上大致可分为两个时间段。第一，第220窟为初唐前期贞观十六年（642年）前绘制而成；第二，第332、第335窟北壁为初唐中后期的圣历年间（698～699年）。前者和后者开凿时间相距半个世纪之多，内容与艺术风格存在差异应在情理之中。

二、貂蝉冠及其历史

唐代前期的高祖、太宗、高宗、武周、玄宗等朝服制屡有变化，有关珥貂大臣的文献记述也不尽一致。

根据文献资料和已有研究成果来看，珥貂大臣之冠应为"貂蝉冠"。所谓"貂蝉冠"者，实为在武弁上加饰貂和蝉而已。一般来说，"貂蝉冠"又名"赵惠文王冠"，此冠起源于北胡，始于战国时期的赵国武灵王和惠文王时期，发展于秦汉，滥觞于魏晋，转变于隋唐，延续至明末。

最初的貂蝉冠是在武弁前插貂尾，并以金珰为饰。《后汉书·舆服下》曰："武冠，一曰武弁大冠，诸武官冠之。侍中、中常侍加黄金珰，附蝉为文，貂尾为饰，谓之'赵惠文冠'。胡广说曰：'赵武灵王效胡服，以金珰饰首，前插貂尾，为贵职。秦灭赵，以其君冠赐近臣。'建武时，匈奴内属，世祖赐南单于衣服，以中常侍惠文冠，中黄门童子佩刀云"❶。这里只记载了"前插貂尾"的情况，至于插在前部的右侧还是左侧并无说明，但在《汉官仪》和《后汉书》中却有明载。应劭《汉官仪》曰："侍中，金蝉左貂"，"中常侍，秦官也。汉兴，或用士人，银珰左貂。世祖以来，专用宦者，右貂金珰"❷。又《后汉书·宦者列传》："自明帝以后……中常侍至有十人，小黄门二十人，改以金珰右貂，兼领卿署之职"❸。

根据以上文献资料可知，最初的"赵惠文冠"，皆金珰饰首，前插貂尾。至汉时，开始在金珰上装饰蝉文，并规定中常侍银珰左貂，侍中金珰左貂。到东汉光武帝时，此冠为宦官专用，但不同的是改为金珰右貂；中常侍银珰左貂，同时还作为赏赐降汉匈奴南单于的服饰。东汉明帝以后，中常侍"银珰左貂"改为与宦官服制相同的"金珰右貂"。后世文献如《初学记》《通典》也沿袭此说，不再赘述。

（一）魏晋时期的貂蝉冠及其服制

魏晋时期，貂蝉冠呈泛滥之势，但依然沿用东汉以来的礼制。《晋书·舆服志》载："武冠……左右侍臣及诸将军武官通服之。侍中、常侍则加金珰，附蝉为饰，插以貂毛，黄金为竿，侍中插左，常侍插右"❹。同时，还赏赐给一些离世或退休的名望极高的大臣。如西晋名士山涛去世，曾被赏赐大量钱物、秘器、布匹等同时，还被赐予"侍中貂蝉，新沓伯蜜印青朱绶，祭以太牢"的待遇❺。再如，《晋书·赵王伦传》记"狗尾续貂"的典故，都说明在此，时期貂蝉冠已失去昔日的尊贵寓意❻。还有，南朝宋老将周盘龙加封为"散骑常侍、光禄大夫"时，也被赐以侍中貂蝉冠❼。

（二）隋代貂蝉冠及其服制

隋初，依前代旧制。《通典》曰："隋依名武弁，武职及侍臣通服之。侍臣加金珰附蝉，以貂为饰"❽。但到了隋大业元年，"今宦者去貂，内史令金蝉右貂，纳言金蝉左貂。开皇时，加散骑常侍在门下者，皆有貂蝉，至是（大业元年）罢之。唯加

❶ [刘宋] 范晔撰，[唐] 李贤，等注：《后汉书》志第三十《舆服下》，北京：中华书局，1999 年，第 2506 页。

❷ [宋] 李昉，等：《太平御览》第六册卷六八八《服章部分》，石家庄：河北教育出版社，1994 年，第 391 页。

❸《后汉书》卷七十八《宦者列传第六十八》，北京：中华书局，1999 年，第 1695 页。

❹ [唐] 房玄龄，等：《晋书》卷二十五《舆服志》，北京：中华书局，2000 年，第 496 页。

❺ 山涛"以太康四年薨，时年七十九。诏赐东园祕器、朝服一具、衣一袭、钱五十万、布百匹，以供丧事，策赠司徒，密印紫绶，侍中貂蝉，新沓伯密印青朱绶，祭以太牢，谥曰'康'。"《晋书》卷四十三《山涛传》，第 808 页。

❻ "改元建始……奴卒厮役亦加以爵位。每朝会，貂蝉盈坐，时人为之谚曰：'貂不足，狗尾续'。"《晋书》卷五十九《赵王伦传》，第 1061 页。

❼ [梁] 萧子显：《南齐书》卷二十九《周盘龙传》，北京：中华书局，2000 年，第 366 页。

❽ [唐] 杜佑：《通典》卷五十七《赵惠文王冠》，北京：中华书局，1988 年，第 1613 页。

常侍聘外国者，特给貂蝉，还则输纳于内省"❶。此是说，从大业元年开始，以前戴貂蝉冠的宦官及加散骑常侍在门下者，均不准穿戴貂蝉，而只有加散骑常侍出聘外国时才可穿戴，但需在完成出使任务后将貂蝉送还内省。

（三）唐初貂蝉冠及其服制

唐初服制沿袭隋代，但又有所变化，主要体现在唐太祖武德七年颁行的《武德令》服制中。据《旧唐书·舆服》载："《武德令》，侍臣服有衮、鷩、毳、绣、玄冕，及爵弁，远游、进贤冠，武弁，獬豸冠，凡十等。"而"武弁，平巾帻，侍中、中书令则加貂蝉，侍左者左珥，侍右者右珥。皆武官及门下、中书、殿中、内侍省、天策上将府、诸卫领军武候监门、领左右太子诸坊诸率及镇戍流内九品已上服之。其亲王府佐九品以上，亦准此。"❷

需要注意的是，武弁在隋以前是加笼状硬壳的，故又名"笼冠"。而从隋代开始，笼状硬壳去掉了，仅用"平巾帻"承接皮弁。《隋书·礼仪志六》载陈永定元年服制："武冠，一名武弁，一名大冠，一名繁冠，一名建冠，今人名曰笼冠，即古惠文冠也"❸。又《隋书·礼仪志七》载：隋高祖改周制，定"武弁，平巾帻，诸武职及侍臣通服之"❹。而所谓"平巾帻"，《隋书·礼仪志七》曰："承武弁者，施以笄导，谓之平巾。"据此，平巾帻实际上就是隋前承接笼冠和隋始承接皮弁的平巾帻之别称，但平巾帻不仅可以用以承接皮弁，也可单独使用。

由上可知，前代大臣穿戴的武弁之笼冠，在此时期全部改为了平巾帻或武弁。而且从唐武德七年始，加貂蝉的武弁为侍中和中书令穿戴，且侍左者左珥，侍右者右珥。故此，要讨论与本文相关的貂蝉冠则需考察唐代侍中和中书令的服制。与此相关的服制，在《唐会要》《通典》《新唐书》中都有明载，《唐会要》《通典》《新唐书》所记基本相同。兹引《新唐书·百官二》，其曰："隋废散骑常侍。贞观元年（627年）复置，十七年（643年）为左散骑常侍二人，正三品下。掌规讽过失，侍从顾问。显庆二年（657年），分左右，隶门下、中书省，皆金蝉、珥貂，左散骑与侍中为左貂，右散骑与中书令为右貂，谓之八貂。龙朔二年曰侍极"❺。此即是说，隋代废除的散骑常侍在贞观元年得以复置，后又于贞观十七年改设为左散骑常侍二人。及至显庆二年又改设为左、右散骑常侍，分别隶属于门下和中书省，并规定左散骑常侍、侍中穿戴金蝉左貂之服，右散骑常侍、中书令穿戴金蝉右貂之服❻。

---

❶ [唐]令狐德棻：《隋书》卷十二《貂蝉》，北京：中华书局，1999年，第186页。

❷ [后晋]刘昫：《旧唐书》卷四十五《舆服》，北京：中华书局，1999年，第1321–1322页。

❸ 《隋书》卷十一《礼仪六》，第159页。

❹ 《隋书》卷十二《礼仪七》，第176页。

❺ [宋]欧阳修、宋祁等：《新唐书》卷四十七《百官二》，北京：中华书局，1999年，第794页。

❻ 关于唐初设置散骑常侍的时间，《唐会要》《通典》《新唐书》所记基本相同。与《新唐书》《通典》不同的是，《唐六典》载："武德初，散骑常侍加官。贞观初，置散骑常侍二员，隶门下省。明庆（显庆）二年，又置二员，隶中书省，始有左右之号。"本文从多之说，对此不作讨论。

此在另一个层面说明，贞观元年复置的散骑常侍，隶属中书省，一人，与中书令同为右侧珥貂。而至贞观十七年改设为左散骑常侍，隶属门下省，二人，与侍中同为左侧珥貂。显庆二年又分为左、右散骑常侍，分属门下省和中书省，各二人，合为四人；再加侍中二人和中书令二人，共计八人，此即《新唐书》等文献所谓之"八貂"大臣。

总之，要讨论开凿于贞观十六年（642年）的莫高窟第220窟维摩诘经变中的珥貂大臣，就需要考察复置于贞观元年（627年）的"散骑常侍"服制；要讨论开凿于武周圣历年间（698~699年）的莫高窟第332、335窟维摩诘经变中的珥貂大臣，则需要考察设置于贞观十七年（643年）的"左散骑常侍"及此后武周时期的相关服制。

三、考古资料所见之貂蝉冠

根据已公布的考古资料及传世绘画品来看，貂尾大多插于武弁之上，位置屡有变化，但因不同时期服制而各异。

（一）考古资料中的珥貂大臣

据孙机先生研究，最高级的武冠与笼冠是皇帝的近臣如侍中等人戴的，这类冠上加饰貂、蝉。簪貂的图像最早出现在洛阳出土的北魏孝昌二年（526年）横野将军甄官主簿宁懋石椁上额的线雕人物服饰中（图4），唐人簪貂的图像在莫高窟第335窟垂拱二年（实为圣历年间）壁画及湖北郧县李欣墓壁画中均被发现❶，只是不知道为什么他们都未戴笼冠，而是将貂尾直接插在平巾帻上❷。根据前文所论，隋代以前的武弁为笼冠，而隋代开始为"平巾帻"，也由此可解孙机先生"唐人簪貂，为什么都未戴笼冠，而是将貂尾直接插在平巾帻上"的疑惑。故此可见，莫高窟初唐维摩诘经变帝王出行图中的人物衣冠，应是依据现实服制绘制而成的。

另据宿白先生考证，宁懋官职不大，其职务为"甄官主簿"，甄官是属皇室少府的一个单位，掌将作（皇室工程，特别是陵墓工程），主簿又是这个部门里主管簿书的官。如果按照前论服制考证，宁懋石椁上的人物无论如何都是不能簪貂的。但宿白先生认为："宁懋由于职务的关系，他的石椁线雕才得到了新式样的人物形象的样本"❸。此即是说，这一时期珥貂的情形并不严谨，并不是以真实的官职身份来穿戴的。

---

❶ 湖北郧县唐嗣濮王李欣墓仅在甬道西壁残存一个戴进贤冠饰金蝉珥貂的侍臣头像。高仲达：《唐嗣濮王李欣墓发掘简报》，《江汉考古》，1980年第2期，第91页。

❷ 孙机：《进贤冠与武弁大冠》，《华夏衣冠——中国古代服饰文化》，上海：上海古籍出版社，2016年，第59页。

❸ 宿白：《张彦远和历代名画记》，北京：文物出版社，2008年，第47页。

（二）传世绘画品中的珥貂大臣

在传世绘画方面，戴貂蝉冠的人物形象还出现在台北故宫博物院藏传为唐阎立本《王会图》（摹梁元帝萧绎《职贡图》）"虏国"使臣图像中（图5）。但与唐阎立本《王会图》出于同源的传为五代顾德谦摹《梁元帝蕃客入朝图》（图6），却将"虏国"写为"鲁国"，而且不见插于弁冠上的貂尾。可惜的是，据传现藏中国国家博物馆宋摹本《职贡图》中的此国使臣图像已失❶，使得不知原作究竟为"虏国"还是"鲁国"，或是其他。如果台北故宫博物院藏唐阎立本《王会图》和五代顾德谦《梁元帝蕃客入朝图》为真的话，则传为阎立本《王会图》的"虏国"则属较早的传摹本，一般应按时代较早者认定为妥。根据《南史·陈本纪》载："童谣云：'虏万夫，入五湖，城南酒家使虏奴。'自晋宋以降，经纬在魏境江、淮以北，南人皆谓为虏"❷，据此可知虏国即北魏国，南朝称拓跋魏为"索虏"或"魏虏"。罗丰先生认为，隋唐以后，人们的正朔观念有所变化，并不以胡人建立的北朝为异己，故将原"虏国"雅化为"鲁国"❸。既然如此，原本被视为"虏国"的使臣图像著貂尾，而后雅化了的"鲁国"使臣图像却不见貂尾。那么，无貂尾的鲁国使臣图像是否也可视为被雅化了的"虏国"使臣图像呢？此值得关注。

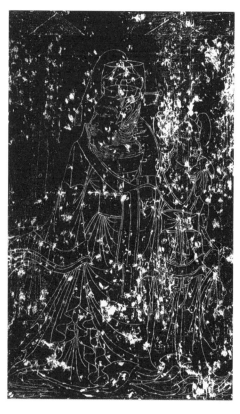

图4 ｜ 图5

图4 北魏宁懋石椁上额石刻珥貂人物像，洛阳出土

图5 传为唐阎立本《王会图》之"虏国"使臣像（左侧珥貂）

---

❶ 宋摹本《职贡图》临摹于宋真宗大中祥符五年（1012年）至神宗熙宁十年（1077年）之间。金维诺：《职贡图的时代与作者》，《文物》，1960年第6期，第14-17页。

❷ [唐]李延寿：《南史》卷九《陈本纪》，北京：中华书局，1975年，第263页。

❸ 罗丰：《邦国来朝——台北故宫藏职贡图题材的国家排序》，《文物》，2020年第2期，第47页。

图6 传为五代顾德谦摹《梁元帝蕃客入朝图》之"鲁国"侍臣像

四、结语

唐代莫高窟维摩诘经变中的珥貂大臣服制大致可分为两种情形。第一种为中原职官服制；第二种为北魏使臣服制。而据敦煌壁画维摩诘经变的基本构成情况来看，一般文殊菩萨一侧全部为中原帝王及其侍臣等人物，绝少有胡人形象，故可排除已经融入中原民族"虏国"使臣形象的可能。但需要注意的是，莫高窟第220窟维摩诘经变文殊菩萨一侧帝王身后第一身为右侧珥貂大臣（图7），而第332、第335窟维摩诘经变文殊菩萨一侧帝王前部却出现了二身左侧珥貂大臣（图8）。依据外国使臣图像中很少有同时出现两身服制相同人物形象的缘由，我们可排除此二身珥貂人物为"虏国"使臣像的可能性。故莫高窟第220、第332、第335窟中的珥貂大臣，可能性最大的应该是中原侍臣，而非"虏国"使臣。但需要指出的是，莫高窟维摩诘经变中的珥貂大臣与阎立本摹萧绎《王会图》"虏国"使臣像虽非一系，但无论现存传世绘画还是考古资料，此类图像最早者当数宁懋墓线刻宁懋像和《王会图》之"虏国"使臣像。故我们推测，莫高窟维摩诘经变中的珥貂大臣形象应与萧绎绘《王会图》之"虏国"使臣像及宁懋墓线刻宁懋像关系密切，或为原本"虏国"使臣之粉本，两者间至少应存在一定的承续关系。

故，完成于贞观十六年的莫高窟第220窟维摩诘经变帝王出行图中的一身珥貂

图7　莫高窟第220窟北壁,《维摩诘经变》之帝王出行图

图8　莫高窟第335窟北壁,《维摩诘经变》之帝王出行图

图7

图8

大臣，当系唐贞观元年复置的散骑常侍。因为贞观时期可以穿戴珥貂的大臣，有中书令、侍中，以及左、右散骑常侍，但中书令和侍中皆为二人，此与画面人数不符，故可排除。而据《新唐书》所谓："隋废散骑常侍。贞观元年复置，十七年为左散骑常侍二人"的记载来看，贞观元年复置的散骑常侍，应为一人，而至贞观十七年才改设为了左散骑常侍二人。同时，此时散骑常侍隶属中书省，中书令历来右侧珥貂，而隶属中书省的散骑常侍此时也应右侧珥貂。所以，绘制不晚于贞观十六年的莫高窟第220窟维摩诘经变中的右侧珥貂大臣，只能是贞观十七以前设置的"散骑常侍"，而非其他。

完成于武周圣历年间的莫高窟第332、第335窟维摩诘经变中的二身平巾帻左侧珥貂大臣，应为贞观十七年改设的"左散骑常侍二人"。因为武周朝虽多次更换前朝官职称谓，但依然沿用了前朝官制。画面中的二身左侧珥貂大臣与《新唐书》

所谓"显庆二年,左散骑与侍中为左貂""属门下省"的记述相符,且门下省的主要职责是"掌出纳帝命,相礼仪"和"四夷朝见,则承诏劳问"❶。另从冠服形制来看,此二人所戴平巾帻前还著有"白笔"(同图2、图3),此符合《通典》所载"侍臣加金珰附蝉,以貂为饰""文官七品以上耴白笔,八品以下及武官皆不耴笔"的相关服制❷。综上,结合莫高窟第220窟相同服制人物为"散骑常侍"的先例,此二人物只能是贞观十七年改设之后的"左散骑常侍",而此也符合此二人作为帝王出行前导且手执卷子的人物身份形象。

总之,敦煌维摩诘经变帝王出行图中的人物构成极为复杂,其构成与文献资料的吻合在一定程度上说明,维摩诘经变帝王出行图所反映出的时代背景和写实性都需要审慎对待。而这一人物身份的识别对于我们准确认识唐代不同时期的职官服制形式,以及敦煌壁画所蕴含的历史价值等方面的研究都具有重要意义。

(原文刊载于《艺术设计研究》2021年第1期)

图版来源说明:

1. 图5、图6采自刘芳如、郑淑芳主编《四方来朝:职贡图特展》,台北故宫博物院,2019年。
2. 图4采自《中国美术分类全集·中国画像石全集·石刻线描》,河南美术出版社、山东美术出版社,2000年。
3. 其余用图均由敦煌研究院提供。

---

❶《新唐书》卷四十七《百官二》,第793页。
❷《通典》卷第十七《赵惠文王冠》,第1613页。

武琼芳 / Wu Qiongfang

敦煌研究院考古研究所副研究馆员，艺术学博士，东京艺术大学访问学者（2018~2019年），主要从事服饰染织史、佛教艺术史的研究。曾参与《敦煌与于阗：佛教艺术与物质文化的交互影响》《中国传统工艺的当代价值研究》《敦煌石窟隋代美术史》等国家社科基金项目，参与编写《中国染织服饰史图像导读》《中国石窟寺艺术·炳灵寺》《中国石窟寺艺术·莫高窟》等书籍，发表《从莫高窟供养人画像管窥袴褶的流行与演变》《莫高窟隋初供养人服饰》等论文。

莫高窟第281窟大都督王文通供养像补正
——兼论敦煌服饰研究中的一些问题

武琼芳

隋代第281窟位于莫高窟南区中部二层，是一个主室平面为正方形的小型覆斗顶洞窟。窟内现存表层壁画为五代、西夏所绘，西壁、南壁、北壁下方有部分表层壁画残损剥落，露出了底层珍贵的隋代供养人画像。

笔者关注此窟，最初是因为窟中一身被大家称为"大都督王文通"的供养人像。此窟西壁南侧下部表层壁画残损剥落，露出的底层隋代壁画中有一大一小两身男供养人像，画面非常清晰。以往学界都认为稍大的一身头戴黑色软脚幞头、身着白色襕袍、面容清晰的男供养人是大都督王文通 [1]。在提到此窟的一些图书和画册中，有许多都将此像标注为"大都督王文通供养像"（图1）。但当笔者反复实地调查此窟壁画时，却发现了一些疑点。为了更清晰地说明问题，首先有必要将此窟现存所有隋代供养人像进行梳理。

一、洞窟现存隋代供养人像梳理

（一）西壁供养人像

1. 西壁南侧供养人像

西壁南侧露出底层一大一小两身隋代男供养人像，均面北而立，身前没有榜题框（图1）。

前面一身画像较大的男供养人，面部五官清晰，平眉，细长眼，丹唇上左右两撇胡髭，颌下也有缕缕黑髯垂下，双手抬于胸前执长柄香炉。他头戴黑色软脚幞头，头顶部分较平，较短的二脚于前额正中系结后垂下，长不及眉毛；较长二脚系

---

[1] 笔者推测，可能是因为最初段文杰先生在《形象的历史》（原载《兰州大学学报》，1980 年第 2 期）中提到："281 窟隋大业年间的供养人，大都督王文通即着窄袖黄袍，革带，乌靴"，此处虽然没有配图，但服饰特征符合第 281 窟西壁南侧较大一身男供养人像，因为真正的大都督王文通画像的足部画面污损，看不到小腿以下的画面。而后在其主编的《中国壁画全集·敦煌隋代》中的图一二七（天津人民美术出版社，1991 年，第 130 页），照片是第 281 窟西壁南侧的两身供养人像，图片标注为"大都督王文通供养像"。因为这本画册时至今日都是研究敦煌隋代壁画不可或缺的重要参考资料，因此很可能由此让很多人误以为这幅壁画就是大都督王文通供养像。

图1　莫高窟第281窟西壁南侧供
养人，隋代

于脑后，垂下至肩背；身着白色圆领窄袖襕袍，长至小腿；袍身较宽松，胯部系黑带，右侧面腰带下环形带銙与短条带间隔出现；足蹬黑色高靿靴。

　　后面一身男供养人的画像高度仅至前一身胸部。此人面部画面残损，只见他双手于胸前拢于袖中，也头戴与前一身男供养人一样的黑色幞头，身着红色襕袍，系黑色腰带，足蹬黑色高靿靴。

　　2.西壁北侧下部供养人像

　　西壁北侧下部有六身男供养人像，画面的位置很低，人物分为两组，中间隔开一段距离，均面南而立。

　　前面一组四身男子像，第一身较大，后三身稍小（图2）。第一身男子双手于胸前持长茎莲蕾，恭谨而立，服饰与西壁南侧前一身男供养人相同，即黑色幞头配白色圆领襕袍，袍长至小腿中段，腰间系黑带。他的腰带左前侧为双匜，下垂条带，末端挂倒水滴状物。遗憾的是，他膝下画面被后代土坯遮挡，不知足上鞋履形制。

　　后三身体型稍小的男子在画面上前后相叠，虽然远近透视关系不太合理，但推测是想表达他们并排而立。右边和中间的男子均着襕袍，腰间系带，右边一身的襕袍为灰蓝色，中间一身为白色。最左边一身男子右手虚握抬于胸前，似乎正扶着扛在肩上的长条状物体，左臂垂于体侧，袖口挽起露出手臂。他的服饰比较特殊，上身为灰蓝色圆领窄袖袍，腰间系同前面一样的黑色腰带，但上衣左面下摆挽起塞进腰带，露出了袍下的窄腿长裤。此裤腿面上有横向间隔的双线条纹，隐约似有橙黄色晕染。

　　后一组是两身男子画像（图3）。前一身男子画像较大，面部五官不清，头戴黑

图2　莫高窟第281窟西壁北侧下部前三身男子，隋代

图3　莫高窟第281窟西壁北侧下部后两身男子，隋代

图2 ｜ 图3

色幞头，身着白色圆领窄袖袍，腰间系黑色腰带，膝部以下画面被掩埋而不可见。后一身男子头部画面污损，身着灰蓝色圆领窄袖袍，右手抬起扶着扛在肩上的长条状物；左袖挽起露出手臂，左手提起袍服下摆；腰部被坠下的衣身褶皱遮挡，推测应是系有腰带。袍的腰部以下可见竖向的三片，中间一片较窄，从两腿间向后拉起，两侧的两片被向侧后方提起，露出袍下与前一组最后一身男子相同的横向双线条纹的窄腿裤。他膝部以下画面均被掩埋，服装形制不明。

（二）南壁下部供养人像

南壁下部中间至西侧，表层西夏壁画有部分残损剥落，露出了底层的隋代男供养人壁画，目前可辨残迹的有4身。

东起第一身，面前白底榜题框中墨书"亡父□大都督……王……"，画面上又被敷泥，污损严重，隐约只见红衣。第二身，面前白底长方形榜题框中墨书"大都督王文通供养"，依稀可辨人物面部轮廓和红唇（图4）。他双手抬至胸前，执长茎莲蕾，身着土黄色袍服，窄袖长过手，系黑色腰带，可见左前侧垂下二条黑色带銙，与腰带同宽。第三身，身前题名"□息善生供时"，双手于胸前执长茎莲蕾，这身小于前一身，画面上又敷泥，污损严重，只可辨出红色圆领袍，长至小腿。后面还有一身红衣人像，位置低于前一身。再后面只存一个莲蕾，人像已不可辨。

（三）北壁下部供养人像

北壁下部露出底层隋画女供养人像六身，均面东而立，双手拢于胸前执红色莲蕾。有的发髻轮廓和面部五官可辨，开额，头顶绾盘桓髻。她们上身着交领窄袖上襦，袖长过手，下身着高腰长裙，裙腰高至胸线以上，裙长曳地，红色长条形帔帛中段搭于肩上，两端由身体两侧自然垂下，长至小腿中段（图5）。

二、"大都督王文通"画像补正

通过上述梳理，笔者认为西壁南侧较大的一身男供养人像，并不是大都督王文通的供养像。

图4　莫高窟第281窟
南壁"大都督王文通"
供养像，隋代

图5　莫高窟第281窟
北壁女供养人像，隋代

图4 ｜ 图5

首先，这两身供养人像身旁均没有榜题框，故根本不存在曾经有可识读的榜题文字，但现已不存在此类问题。

其次，在本窟南壁现存供养人画像旁有"亡父□大都督……王……"和"大都督王文通供养"的榜题，字迹至今可辨。根据敦煌石窟供养人画像的一般规律，这两方榜题应该是其后供养人像的题名。所以，南壁的这两身男性供养人是大都督王文通的亡父和他本人。一个供养人的画像不太可能在同一个洞窟中出现两次，且西壁南侧的男子像并没有榜题，那么，他很可能并不是大都督王文通。

最后，此窟现存的隋代供养人画像，南壁为男性，北壁为女性，均排成一行面东而立，位置高低和人物画像大小一致，符合敦煌石窟隋代供养人行列分布的一般规律。而西壁南侧和北侧的人物画像，是表层壁画脱落后露出的下层壁画，他们并不在通常供养人行列应该在的位置，南侧两身人物画像位置稍高，旁边是一身高大的佛弟子立像；北侧的两组人像却在很靠下的位置（图6）。且这三组人物身形大小差别很大，人物数量也并不对称，很可能与南、北壁的供养人并不属于同一个团体，或不是同时绘制。

综上所述，之前很多出版物将本窟西壁南侧较大一身男像标为"大都督王文通供养像"应为误解，本窟的窟主"大都督王文通供养像"应是南壁下部隋代供养人像的东起第二身（图4）。

三、由此引发对敦煌服饰研究中一些问题的思考

（一）出版物中图片的局限性

由于敦煌地理位置偏远以及考察洞窟的种种不便，目前很多研究可能更多的是依据已经出版的敦煌石窟图录画册中的图版。这些出版物中的洞窟照片，虽然是对洞窟真实状况的拍摄记录，但毕竟经过了后期裁剪、编辑、调色等处理，和原壁画或多或少有着一定差距。洞窟中壁画和彩塑的信息，诸如尺寸、颜色、空间位置关系等，在出版物的照片中很难得到全面而真实的体现，但这些信息对于服饰研究都是至关重要的。

比如前文提到的，将第 281 窟西壁南侧壁画中的男供养人误认为是"大都督王文通"，且经过多年、被反复转载都没有发现有误，造成这种情况的一个重要原因就是众人受到了出版物上壁画照片的误导。为了突出重点，照片并没有拍摄整面墙壁，而只是选取了西壁南侧下部的壁画局部。照片中男供养人身前有红色长方形竖条，有点儿类似以往所见的供养人榜题框。虽然照片中看不到文字痕迹，但会让观者误以为文字可能是现在才漫漶不清，最初研究者抄录的时候或许还是可以看到的。所以并没有核对《敦煌莫高窟供养人题记》中对此窟供养人题记内容和位置的确切记录，便先入为主地认为这身清晰的供养人画像便是大都督王文通供养像。然而，被误认为是榜题框的红色长方形竖条，其实是旁边壁面弟子画像所着袈裟的侧边和下摆的一部分（图 6）。

类似这样对壁画的长期误读，就是由于研究过度依赖出版物照片所造成的。因此，笔者认为在进行敦煌壁画和彩塑的研究时，虽然出版物上的照片有着画面清晰、色彩鲜艳，还有很多局部细节放大图等优点，但也应至少对原始壁画进行实地考察，明确出版物上各幅局部图之间的位置和大小比例关系，核对出版物中图片的颜色是否与原始壁画一致，还要考虑这些颜色是否为变色或褪色之后的状态等，方可将这些照片作为研究素材，这样才能得出更加严谨可信的研究成果。

图 6 莫高窟第 281 窟现存隋代供
养人位置和朝向示意图，隋代

（二）对原始壁画辨识的重要性

敦煌石窟中的壁画和彩塑距今已有千年，难免有褪色、变色、漫漶、斑驳等各种画面不清晰的情况。对于原始壁画的辨识是所有依据图像所做研究的第一步，是后续研究推论的基础。因此，尽可能客观地去观察、辨识、记录和分析原始壁画就显得尤为重要。

虽然现在有先进的高清拍摄技术，"数字敦煌"项目❶已对一百多个洞窟进行了壁画数字化图像的拍摄和空间位置的记录。但是，作为一名长期在敦煌石窟工作的研究者，笔者深深地感到对原始壁画的肉眼辨识，是任何高科技仪器都无法替代的一个重要步骤。因为，由于壁画的颜料层或地仗层有不同程度的漫漶或损毁，在不同光线条件下，从不同角度去观察，在不同知识背景观察者的眼中，所看到的壁画有可能存在较大差别，这一点，多次实地考察过敦煌石窟的人都会深有同感。比如，有些在高清照片中完全看不出字迹的榜题框，经过有经验的研究者多次变换手电筒光照强度、颜色和照射角度之后，很可能又辨识出许多照片中看不到的文字。再如，对于不熟悉供养人画像的其他学科背景的观察者来说，斑驳到无法辨识的壁画，对于熟悉供养人图像的研究者来说，因为已经了解这个时期供养人像大致的位置和形态，就能识别出更多供养人服饰残存的细节线条或画面。但是，有时这种先入为主的知识背景，也会起到适得其反的作用。所以在研究时，笔者也十分注意要将文献和多重图像与敦煌石窟壁画反复进行对比印证，以得出更加客观的结论。

（三）服装史研究中对敦煌石窟材料使用存在的一些问题

1. 临摹品❷和线描图对壁画原始信息的误读和隐匿的问题

以潘絜兹先生于1958年出版的《敦煌壁画服饰资料》❸为例，虽然只有8页的文字介绍、74幅供养人像复原临摹图版，但这是目前可见最早专门介绍敦煌壁画中服饰的书籍。在敦煌石窟彩色照片还未面世之时，书中刊出的供养人像临摹图是研究古代服饰非常珍贵的图像资料，所以这些临摹图被后来许多服饰史研究的著作所引用。

此书中的图版4，是莫高窟隋代第62窟供养人画像的临摹图（图7）。与第62窟原壁画比对，可以看出潘先生这幅临摹图其实是把西壁龛下的比丘像和北壁的四身男供养人像组合在一起，经过重新排序后绘在了同一幅画面中。不仅人物的大小

---

❶ 为了敦煌石窟的永久保存、永续利用，敦煌研究院自 20 世纪 90 年代初开始数字化探索，近 30 年来组织实施的"数字敦煌"项目，包括敦煌石窟数字化、"数字敦煌"数字资产管理系统(DAMS)、永久存储体系和资源库四个方面。其中，洞窟数字化的成果已向大众公开 30 个洞窟，4430 平方米壁画的高清数字资源。网址为：https://www.e-dunhuang.com。

❷ 对敦煌壁画的临摹，主要分为现状临摹和复原性临摹两种。前者是通过绘画忠实再现壁画现状的临摹方式，对壁画的缺损、漫漶等均原样摹写；后者是通过临摹者的观察和研究，将壁画的残损、褪色和变色部分等进行复原，还原壁画绘制之初本来面貌的临摹方式。这里所说的临摹品，指的是复原性临摹品。

❸ 潘絜兹：《敦煌壁画服饰资料》，北京：中国古典艺术出版社，1958 年。

关系、排列顺序与原壁画不同，人物的冠帽、服饰细节也有一些差别。比如，较之于原壁画，临摹图中第一身比丘像的袈裟围系方式交代得不是很清楚。比丘身后着绿色襕袍的男供养人，对比站姿和服饰款式细节，似乎是与北壁西起第六身男供养人相同，但那身供养人所着上衣是红色的。第62窟中只有一身男供养人身着绿色襕袍，但又与临摹图中人物的手臂姿势、头顶首服形制、服装具体款式都不相同。临摹图最后两身供养人均着黑色高勒靴，但与他们服饰细节类似的原壁画中供养人所着的都是白靴。上述虽然都只是一些细节上的差别，但是这些小细节很可能会造成最后研究结果的大偏差。

又如《中华历代服饰艺术》中的图6-2（图8），图注为"莫高窟第296窟壁画，隋朝男供养人，内穿大袖襦、下裳，外披通裾大襦"❶，也存在一些问题。首先，线描图中的后面两身供养人像，确实是在莫高窟第296窟，但第一身却不知来自何处。在第296窟中，与线描图中后两身供养人像对应的画面中，前面是一身比丘尼像（图9），与线描图中的人物形象和服饰特点都完全不同。其次，第296窟是北周时期的洞窟❷，主室壁画均为北周时期绘制，所以这几身供养人像并不是隋代作品。最后，这几身并不是男供养人，而是女性供养人。如果图中这两身供养人是因为最外面披了大氅，不容易凭服饰区分性别的话，结合其身后一排身着大袖襦裙的女供养人像来看，就十分清楚了。这也是之所以强调需要将单幅的供养人像置入洞窟原生语境中来研究的原因之一。

图7 敦煌莫高窟隋代第62窟男供养人临摹图，《敦煌壁画服饰资料》图版4

❶ 黄能馥，陈娟娟：《中华历代服饰艺术》，北京：中国旅游出版社，1999年，第180页。

❷ 敦煌研究院编：《敦煌石窟内容总录》，北京：文物出版社，1996年，第121页。

2. 张冠李戴的问题

早期服饰史著作中使用敦煌石窟的人物服饰图像，由于种种原因，偶有搞错壁画洞窟来源、混淆洞窟时代、误判供养人性别的问题。这样就会导致后续的研究建立在错误的信息之上，如壁画的时代、洞窟的窟主、供养人的身份、供养人与洞窟整体的关系等，可谓失之毫厘谬之千里。

如潘先生书中的图版1是第288窟的供养人像，书中标注此窟为北魏时期（439～534年）的洞窟，而根据后来的石窟考古分期断代研究，此窟为西魏时期（525～545年前后）的洞窟❶。同书图版3（图10），是隋代第390窟的六身女供养人像，与前面情况类似，此图也是将洞窟中不同位置的女供养人形象组合绘制在了同一幅画面中，而且，人物发髻的具体样式、服饰的颜色和款式形制都与原壁画有一些差别。这幅图版后来被很多服饰史研究著作反复使用，但在使用过程中出了一些差错。如《中华历代服饰艺术》❷《服饰中华——中华服饰七千年》❸等书中误将洞窟号标成了隋代第303窟。第303窟是隋代开皇初年的洞窟，而第390窟是隋末唐初的洞窟，其中的供养人服饰风格差异很大。在服饰研究中，时代是很重要的决定性因素，一旦以错误的时间为前提，所做的后续研究也难以正确。

3. 对壁画误读的问题

由于敦煌壁画存在变色、褪色、漫漶、斑驳等问题，观察者有时即使认真地仔细辨识，也难免受到主观因素的误导和各种客观条件的影响，造成对壁画服饰图像的误读。如有学者用莫高窟第305窟中心柱上的两身男供养人像为例来讲解"西域

❶ 樊锦诗，马世长，关友惠：《敦煌莫高窟北朝洞窟的分期》，敦煌研究院编：《敦煌研究文集·敦煌石窟考古篇》，兰州：甘肃民族出版社，2000年，第16页。

❷ 黄能馥，陈娟娟：《中华历代服饰艺术》，北京：中国旅游出版社，1999年，第181页。

❸ 黄能馥，陈娟娟：《服饰中华——中华服饰七千年》，北京：清华大学出版社，2011年，图6-15。作者标注此图摘自《中华服饰艺术源流》，北京：高等教育出版社，1994年。考虑到这三本书都是相同的作者，因此可能是第一次发表时弄错了壁画的出处，导致后面出版的图书继续使用这一错误的信息。

图10 敦煌莫高窟隋代第390 女供养人临摹图,《敦煌壁画服 资料》图版3

民族服饰",说"西域民族颅后披发,上着红色圆领大褶衣,下着小口裤。可见敦煌以至西北地区少数民族除保留发式以外,衣服的样式基本与汉族相同"❶。如果单独看壁画中的这两身男供养人像,他们头部的画面漫漶褪色较严重,脑后仅存一道黑色线条,无法分辨发型或首服形制。但观察同窟其他相同着装的供养人,有的头戴合欢帽,有的头戴卷裙风帽,并无颅后披发的清晰图像。通过反复观察壁画,笔者发现此图像头顶有隐约卷裙风帽的外轮廓,目前图像上脑后的黑色线条有可能是最初的打底线变色所致,并不一定代表"颅后披发"。因此,这两身画面不清的供养人像,并不能用来说明隋代"敦煌以至于西北地区的少数民族服饰与汉族相同,只是保留本民族发式"❷这一观点。

类似的例子还有很多,余不一一列举。曾经由于条件所限,敦煌石窟供养人壁画的照片相对不易获得,很多服饰研究著作中使用的都是服饰的临摹图或线描图。这些临摹图或线描图是绘制者根据自己的观察和理解进行的二次创作,更加清晰地表达了绘制者所认为的服饰细节,有着比原壁画更加一目了然的优点。但同时,原始壁画中服饰的某些信息也已被加工或隐去,所以这样的图版并不能作为服饰研究的原始材料。因此,笔者认为在进行敦煌服饰研究时,对原始壁画图像进行反复辨

❶ 谭蝉雪:《中世纪服饰》,上海:华东师范大学出版社,2010 年,第 59 页。

❷ 潘絜兹编绘:《敦煌壁画服饰资料》,北京:中国古典艺术出版社,1958 年,图版 3。

识是不可或缺的重中之重，在此基础上再进行类似图像的多维度比对，同时寻找文献记载的印证，以期得到更加客观真实的研究成果。

（四）将敦煌壁画图像置于原生语境考察的必要性

通过上述的例子可以看出，单纯依赖出版物上经过挑选、裁切和编辑后的敦煌壁画图像来进行服饰研究，存在着一系列的问题。敦煌石窟作为一个建筑、壁画和塑像完美结合的有机整体，其独特性和重要性也正体现于此，在研究中应当充分加以利用，将图像置入其原生语境中来进行全方位的考察。这里所说的原生语境，不仅包括图像在洞窟中的相对位置，与窟内建筑结构和其他壁画的空间关系，还应包括与此图像有关历史的来龙去脉、社会生活的相关情景等。只有尽可能地还原壁画绘成时的状态，才能更好地去理解和研究其表达的内容和蕴含的意义。

（原文刊载于《艺术设计研究》2021年第1期）

图版来源说明：

1. 图1采自《敦煌研究》，2019年第1期，第2页。

2. 图6为笔者在壁画照片上标绘。

3. 图7采自潘絜兹编绘《敦煌壁画服饰资料》，北京：中国古典艺术出版社，1958年，图版4。

4. 图8采自黄能馥，陈娟娟《中华历代服饰艺术》，北京：中国旅游出版社，1999年，第180页。

5. 图9采自段文杰主编《中国敦煌壁画全集3：北周》，天津：天津人民美术出版社，2006年，图一五四。

6. 图10采自潘絜兹编绘《敦煌壁画服饰资料》，北京：中国古典艺术出版社，1958年，图版3。

7. 其他未标注来源的图片均由敦煌研究院提供。

齐庆媛 / Qi Qingyuan

齐庆媛，北京服装学院，副教授，博士。

印度菩萨像环扣链条状饰物在中国的新发展

齐庆媛

摘要：环扣链条作为印度菩萨像的装饰物，广泛流行于笈多时代、后笈多时代，直至帕拉时代，波及古印度大部版图。约自6世纪50年代，印度菩萨像环扣链条状饰物自海路传入中土，并进一步吸收汉地世俗社会流行的链条式样迅速中国化，北周、北齐、隋代在成都、关中、陇东、邺城等地区风行一时，连绵至初盛唐敦煌地区。菩萨像环扣链条状饰物生动地反映了当时的文化交流与融合情况，也展现出中国佛教造像艺术强大的生机活力。

关键词：菩萨像环扣链条状饰物；笈多时代；北周、北齐、隋代；文化交流；中国化

环扣链条，即将一个接一个单环首尾相扣连在一起形成链条。这种在当今社会中仍被广泛应用的链条，曾经作为中古时期菩萨像的饰物风靡一时，无论在印度还是中国都有一定数量的遗存。印度实例众多，历经笈多王朝（Gupta Dynasty，约320～550年）、后笈多王朝（Post Gupta Dynasty，约550～750年），一直持续到帕拉王朝（Pala Dynasty，750～1199年），波及中印度、西印度与东印度。约自6世纪50年代至7世纪初，大体相当于北朝的北周、北齐，直至隋代，印度菩萨像环扣链条状饰物传播到汉文化地区，直接作用于中国菩萨像装饰，中国菩萨像又进一步借用世俗社会流行的链条式样加以改造和创新，完成本土化进程，成都、关中、陇东、邺城（今河北临漳）成为主要发展区域，进而影响到唐代敦煌地区。

国外学者在分析北周、隋代菩萨像时已经注意到此种饰物，称之为"锁饰"，并概略提及受到印度教神像的影响，但仅局限于个别实例，对其来源问题点到为止，未加深究[1]，全面、系统的梳理工作尚未展开。就这种饰物而言，称为"锁饰"难以概括其具体形态，而称"环扣链条状饰物"似乎更为贴切。

---

[1] [韩] 郑礼京：《隋菩萨像の成立について》，《佛教艺术》240号，1998年，第63页。[日] 八木春生：《隋时代菩萨立像の装饰について》，《中国考古学》第10号，2010年，第59页。

笔者基于实地考察所获第一手资料❶，以及学界披露资料，首先简要梳理了印度菩萨像环扣链条状饰物的发展脉络，继而着重分析中国菩萨像环扣链条状饰物的新发展，最后探讨菩萨像环扣链条状饰物的传播路径，以就正于方家。

一、印度菩萨像环扣链条状饰物

笈多时代与后笈多时代，菩萨像环扣链条状饰物（图1）在中印度北方邦、东印度比哈尔邦、西印度马哈拉施特拉邦流行开来。菩萨像环扣链条状饰物的组成元素即每个单环造型较雷同，呈方圆形且为一匝。其配置方式存在明显差异，据此可以分为两种情况：一种表现为斜披式璎珞，另一种表现为腰带饰。

其一，斜披式璎珞。中印度北方邦瓦拉那西（Vārānasī）鹿野苑遗址出土5世纪观音菩萨像（图1-1）❷是已知较早实例，其自左肩下垂斜至右腿（以物象自身为基准判断左右方位，下同）的斜披式璎珞为环扣链条状，虽然纤细却雕刻得一丝不苟，予人金属般的质感，起到庄严其身的装饰功能。此斜披式璎珞并非是简单的饰物，而是祭祀绳，又称为圣线、神线。在古代印度，前三个种姓的所有男子，在八至十二岁之间的成年仪式上，都要佩戴祭祀绳……仪式过后，印度教徒步入新的人生阶段❸。

其二，腰带饰。西印度马哈拉施特拉邦奥兰伽巴德（Aurangabad）第2窟6世纪后半胁侍菩萨像（图1-2）、中印度北方邦鹿野苑遗址出土6～7世纪文殊菩萨像（图1-3）❹、东印度比哈尔邦那烂陀佛寺遗址出土7世纪观音菩萨像（图1-4）❺，均在腰间围系环扣链条状腰带饰。环扣链条围绕腰部数周、两周、一周后，从中间方形或椭圆形饰物中抽出，随意缠绕后下垂，末端系吊坠。以上诸例环扣链条状腰带饰不仅起到装饰作用，更有围系固定下身长裙的实际用途。

需提及的是，笈多时代与后笈多时代，印度教神像与世俗人也佩戴环扣链条状饰物。例如，奥兰伽巴德石窟第7窟诸多印度教女神像、阿旃陀石窟第26窟作世俗贵族男子装扮的魔王波旬像❻，其腰间均垂挂环扣链条状饰物。可见，环扣链条是彼时印度社会流行的饰物。

---

❶ 参加2019年7月关中美术考察的有李静杰、[日]八木春生、谷东方、李秋红、吴禹力、刘易斯、孙千雅、吴姗玮、高晏卿、车星璇、刘军森、胡浩然与笔者。参加2019年2月印度美术调查的有体恒、游卓凡、任志录、刘屹、刘子璇、王瑞云、林姮、王闻莺等诸位先生、女士与笔者。

❷ 印度新德里国立博物馆藏。

❸ [德]施勒伯格著，范晶晶译：《印度诸神的世界——印度教图像学手册》，上海：中西书局，2016年，第228页。原著出版于1986年。

❹ 印度鹿野苑考古博物馆藏。

❺ 印度那烂陀考古博物馆藏。

❻ [日]肥塚隆、宫治昭编集：《世界美术大全集·東洋编 第13卷インド（1）》，東京：小学館，2000年，图版215。

图1 印度笈多时代与后笈多时代，菩萨像环扣链条状饰物实例

图1-1 北方邦鹿野苑遗址出土，5世纪，观音菩萨像及局部（笔者摄）

图1-2 马哈拉施特拉邦奥兰伽巴德第2窟，6世纪，后半胁侍菩萨像局部（李静杰摄）

图1-3 北方邦鹿野苑遗址出土，6~7世纪，文殊菩萨像及局部（笔者摄）

图1-4 比哈尔邦那烂陀佛寺遗址出土，7世纪，观音菩萨像局部（笔者摄）

| 图 1-1 | 图 1-2 |
| 图 1-3 | 图 1-4 |

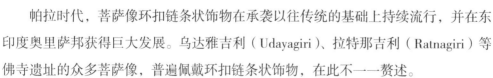

　　帕拉时代，菩萨像环扣链条状饰物在承袭以往传统的基础上持续流行，并在东印度奥里萨邦获得巨大发展。乌达雅吉利（Udayagiri）、拉特那吉利（Ratnagiri）等佛寺遗址的众多菩萨像，普遍佩戴环扣链条状饰物，在此不一一赘述。

　　印度菩萨像环扣链条状饰物，流行时间长，分布区域广，构成菩萨像装饰史上的一道亮丽风景。

二、中国菩萨像环扣链条状饰物

　　中国菩萨像环扣链条状饰物集中出现在北周、北齐，直至隋代，少数延续到初盛唐时期。其分布在成都、关中与陇东地区，北周至隋代实例占多数；分布在邺城与青州地区，北齐至隋代实例相对较少；少数唐代实例出现在敦煌地区。诸地区实例呈现不同发展面貌，下文分而述之。

（一）成都地区北周至隋代菩萨像环扣链条状饰物

该地区实例集中见于成都下同仁路出土北周菩萨像（图2）❶，其环扣链条状饰物可以分为斜披式璎珞与腰带饰两种配置方式。

其一，斜披式璎珞。编号为H3:90的菩萨像装饰X形璎珞与斜披式璎珞，极尽华丽。斜披式璎珞自身体左侧垂下，横过小腿后绕至背后再向上，呈现环绕身体一周的立体结构。其身前部分由联珠纹、珊瑚、圆花、方形宝珠、椭圆形宝珠等串联而成。其身后部分则表现为整齐划一的环扣链条状，非常接近鹿野苑遗址出土的5世纪观音菩萨像斜披式璎珞❷。

其二，腰带饰。编号为H3:89的菩萨像环扣链条围系外翻的裙腰一周，交于腹前菱形饰物，似乎是对印度菩萨像腰带饰的模仿和延续。编号为H3:68的菩萨像外翻裙腰围系粗细两条腰带饰，较细的穗状腰带饰交于腹前菱形饰物，再从菱形饰物两侧垂下八字形环扣链条，与印度实例存在些许差异，无疑是中国本土艺术创造力的表现。

（二）关中与陇东地区北周至隋代菩萨像环扣链条状饰物

北周至隋代菩萨像环扣链条状饰物在以长安（今西安）为中心的关中地区，以及陇东泾川地区得到极大发展（图3）。泾川作为古代长安的西北门户，其佛教造像与关中的关系十分密切，故一并分析。两地实例众多、形式多样，基于配置方式可以分为胸饰璎珞、腰带饰、胸饰璎珞＋腰带饰三种。

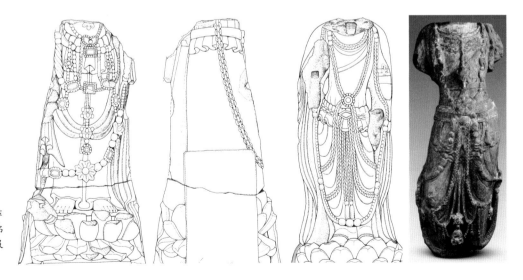

图2　成都下同仁路出土北周菩萨像（出自《成都下同仁路——佛教造像坑及城市生活遗址发掘报告》图48、图45、彩版32）

---

❶ 成都文物考古研究院编著：《成都下同仁路——佛教造像坑及城市生活遗址发掘报告》，北京：文物出版社，2017年，图48、图45、彩版32。

❷ 南北朝晚期至隋代菩萨像流行的斜披式璎珞明显受到印度笈多文化因素的影响。齐庆媛：《南北朝隋代菩萨像斜披式璎珞所反映印度笈多文化因素的东传》，《大足学刊》，第3辑，2019年，第335–352页。

其一，胸饰璎珞。西安雁塔区太平堡村出土隋代菩萨像（图3-1）❶、西安碑林博物馆藏隋代菩萨像（图3-2），以及西安莲湖区唐礼泉寺遗址出土隋代菩萨像（图3-3），均佩戴扁平状项饰，在项圈下缘中间位置垂挂环扣链条与铃饰组成的胸饰璎珞。这种表现形式有别于印度诸多实例，应是汉文化地区的创新产物，呈现了鲜明的地域特征。铃饰作为菩萨像饰物流行于南北朝时期至隋代，其与世俗社会的广泛使用不无关系。图3-1铃饰在下端雕刻出长条状铃口，酷似北票市四花营子乡房申村前燕二号墓出土金铃❷。图3-2、图3-3大铃周围环绕小铃，与北京西郊八宝山附近西晋墓出土银铃类似❸。而环扣链条垂挂铃饰的形式，曾见于大同南郊北魏墓出土金耳坠（图4）❹，只不过金耳坠链条的每个环为两匝，与菩萨像环扣链条的每个环为一匝的结构略有区别。

其二，腰带饰。长武县博物馆藏北周菩萨半身残像❺，泾川出土北周菩萨像（图3-4）❻与隋代菩萨像之一（图3-5），环扣链条在腰间围系一周或两周，被右侧外翻的裙腰遮挡，仅露出左半部分。长武与泾川毗邻，故两地菩萨像环扣链条状腰带饰呈现相似面貌。泾川出土隋代菩萨像之二（图3-6），则在裙腰右侧垂下两条长短不一的环扣链条，其末端坠饰物。此四件作品一方面保留了印度菩萨像或在腰间围绕，或在腰侧下垂环扣链条的传统；另一方面由于外翻裙腰的遮掩，使得环扣链条状腰带饰的表现相较印度变得含蓄。

其三，胸饰璎珞+腰带饰。西安出土北周天和五年（570年）菩萨像（图5）❼、美国波士顿美术馆藏西安出土隋代菩萨像（图6）、咸阳博物馆藏隋代菩萨像（图7），均佩戴扁平状项饰、胸饰璎珞、通身璎珞，以及腰带饰，绮丽堂皇、繁缛华美的艺术风格十分接近。图5、图6菩萨像造型尤其相似，两者项饰两侧垂挂V形环扣链条连接胸部中间圆形饰物，为创新发展；宽腰带饰中间垂挂八字形细长环扣链条状腰带饰，搭在两侧穗状璎珞后下垂，其末端系流苏，则呈现与前述成都下同仁路遗址出土北周菩萨像（H3:68）腰带饰相似面貌。图7菩萨像从项饰两侧垂挂V形环扣链条连接中间圆花饰物，再从圆花饰物中垂下另一条环扣链条，其末端坠铃饰，似从西安地区实例发展而来。腰带饰被外翻的裙腰遮挡中间部分，在左、右侧各垂下一条环扣链条，其末端勾连硕大的莲花网状流苏，形式更趋自由。

---

❶ 西安市文物保护考古所编著、孙福喜主编：《西安文物精华·佛教造像》，西安：世界图书出版西安公司，2010年，图111。

❷ 杨伯达主编：《中国金银玻璃珐琅器全集·1金银器(一)》，石家庄：河北美术出版社，2004年，图98。

❸ 前引《中国金银玻璃珐琅器全集·1金银器(一)》图234。

❹ 前引《中国金银玻璃珐琅器全集·1金银器(一)》图107。

❺ 长武县博物馆藏北周菩萨半身残像为笔者考察时所见，虽残损严重，但依然能辨识出环扣链条状腰带饰。

❻ 甘肃省文物考古研究所编著：《泾水神韵——泾川出土佛教造像精粹》，北京：文物出版社，2019年，第48页。

❼ 美国明尼阿波利斯艺术博物馆藏。台北故宫博物院编辑委员会编：《海外遗珍·佛像(一)》，台北：台北故宫博物院，1990年，图60。

图3　关中与陇东地区，菩萨像环
扣链条状饰物实例

图3-1　西安雁塔区太平堡村出
土，隋代，菩萨像局部（出自
《西安文物精华·佛教造像》图
11）

图3-2　西安碑林博物馆藏，隋
代，菩萨像局部（笔者摄）

图3-3　西安莲湖区唐礼泉寺遗
址出土，隋代，菩萨像局部（笔
者摄）

图3-4　泾川出土，北周，菩萨
像局部（出自《泾水神韵——泾
川出土佛教造像精粹》第48页）

图3-5　泾川出土，隋代，菩萨
像之一局部（笔者摄）

图3-6　泾川出土，隋代，菩萨
像之二局部（笔者摄）

图4　大同南郊北魏墓出土，金耳
坠（出自《中国金银玻璃珐琅器
全集·1金银器（一）》图107）

图5　西安出土，北周天和五年
（570年），菩萨像（出自《海外遗
珍·佛像（一）》图60）

图3-1	图3-2	图3-3
图3-4	图3-5	图3-6
图4		图5

正面

胸饰璎珞

腰带饰

图6　美国波士顿美术馆藏，西
出土，隋代，菩萨像（李静杰摄

图7　咸阳博物馆藏，隋代，菩
像（笔者摄）

图6
图7

正面

胸饰璎珞

腰带饰左侧下垂部分

腰带饰右侧下垂部分

此三例环扣链条状饰物的细部有别于其他实例，值得考究。图5菩萨像环扣链条胸饰璎珞每个单环呈瓜子状，类似于科左中旗六家子北朝鲜卑墓群出土金马牌饰链条❶。图6、图7菩萨像的环扣链条雕刻细腻精致，每个环为两匝结构，有别于印度诸多实例，而与汉文化地区普遍流行的金银链条相吻合。大同南郊北魏墓出土金耳坠（图4），大同恒安街北魏墓出土金耳坠❷、西安何家村窖藏出土唐代舞马衔杯纹银壶（图8）、扶风法门寺塔地宫出土唐代鎏金雀鸟纹银香囊❸，其金银链条即为例证。由此可见，三例菩萨像环扣链条状饰物，其配置方式和细部造型，都没有直接借用印度菩萨像环扣链条状饰物的固有形式，而是充分展现出中国化的进程。

长武县博物馆藏隋代菩萨像（图9），扁平状项饰下缘中间垂挂环扣链条与铃饰组成的胸饰璎珞，应是西安地区菩萨像胸饰璎珞影响下的产物。腰带饰被右侧外翻的裙腰遮挡，露出左半部，乃长武与泾川地区流行的式样。另外两条环扣链条搭于两侧穗状饰物垂下，末端系球状物，似乎是西安地区菩萨像八字形细长环扣链条状饰物的简化形式。

（三）邺城地区北齐至隋代菩萨像环扣链条状饰物

该地区菩萨像环扣链条状饰物可以分为通身璎珞、通身璎珞＋腰带饰两种配置方式。

其一，通身璎珞。临漳北吴庄出土北齐至隋代菩萨像（图10），佩戴以腹前圆形饰物为中心呈X形的通身璎珞，其上半部分为环扣链条状齐整有序，这与关中地区北周至隋代菩萨像V形胸饰璎珞相近。

其二，通身璎珞＋腰带饰。临漳北吴庄出土北齐菩萨像（图11）据残损痕迹可知，下身连接珠串的八字形环扣链条成为X形通身璎珞的一部分。环扣链条状腰带饰围系腰部一周，左半部分被外翻的裙腰遮挡，其两端从左侧裙腰内下垂至腿部外侧，末尾系心形宝珠饰物，这与关中地区北周至隋代菩萨像腰带饰有相通之处。需提及的是，该菩萨像头身比例为1∶5，敦实厚重，造型矮壮，与东部地区大多数躯体修长、造型扁平的北齐菩萨像有很大差异，反而更加接近西部地区北周菩萨像造型特征❹，可视为北齐造像受到北周影响的代表性实例。

两例菩萨像环扣链条状饰物粗硕醒目，每个单环几近镂空雕刻，不但展现了工匠高超的技艺，还暗示出人们对其喜爱之情。

❶ 张柏忠：《内蒙古科左中旗六家子鲜卑墓群》，《考古》，1989年第5期。

❷ 大同市考古研究所：《山西大同恒安街北魏墓(11DHAM13)发掘简报》，《文物》，2015年第1期，图14~图17。

❸ 法门寺博物馆藏。

❹ 北齐、北周至隋立菩萨像东部与西部造型有所差异，东部地区比较修长，通体扁平，造型平板化倾向显著。西部地区头部所占比例偏大，显得矮壮。参见李静杰：《南北朝隋代佛教造像系谱与样式的整体观察（下）》，《艺术与科学》（卷10），北京：清华大学出版社，2010年，第117页。

图8 西安何家村窖藏出土，唐代，舞马衔杯纹银壶局部（笔者摄）

图9 长武县博物馆藏，隋代，菩萨像（笔者摄）

图10 邺城考古队藏，临漳北吴庄出土，北齐至隋代，菩萨像局部（笔者摄）

图11 邺城博物馆藏，临漳北吴庄出土，北齐，菩萨像（笔者摄）

图8	
图9	图10
图11	

腰带饰

正面　　　　　　胸饰璎珞　　　　　X形通身璎珞局部

正面　　　　　　璎珞局部　　　　　腰带饰　　　　　腰带饰下垂部分

（四）青州地区北齐至隋代菩萨像环扣链条状饰物

该地菩萨像环扣链条状饰物的表现明显减弱，只是作为通身璎珞中的辅助部分，主要起到串联作用。如青州龙兴寺遗址出土北齐至隋代菩萨像（图12），在X形通身璎珞中可见一段段极为纤细的环扣链条连接硕大珠串和穗状饰物，与其他地区实例迥然不同。

（五）敦煌地区唐代菩萨像环扣链条状饰物

至唐代，菩萨像环扣链条状饰物零星见于敦煌莫高窟，第328窟初唐菩萨像（图13）[1]、第319窟西壁北侧盛唐菩萨像[2]，佩戴环扣链条状胸饰璎珞与通身璎珞。唐代中原地区菩萨像环扣链条饰物鲜见，至于敦煌地区出现的零星实例，或许是承袭了关中与陇东地区以往传统。该时期，菩萨像环扣链条状饰物逐渐接近尾声，取而代之的是麦穗链条状饰物，这在龙门石窟唐代菩萨像中有集中体现。

图12　图13

图12　青州龙兴寺遗址出土，北齐，菩萨像局部（笔者摄）

图13　莫高窟第328窟，初唐，菩萨像局部（出自《中国石窟雕塑全集：第一卷·敦煌》图114）

❶ 中国石窟雕塑全集编辑委员会编：《中国石窟雕塑全集：第一卷·敦煌》，重庆：重庆出版社，2001年，图114。

❷ 前引《中国石窟雕塑全集：第一卷·敦煌》图163。

三、印度菩萨像环扣链条状饰物的传播路径

虽然环扣链条在中国有长期的使用历史❶，但是南北朝早、中期菩萨像环扣链条状饰物几乎不见。南北朝晚期至隋代佛教造像整体上深受笈多美术浸染❷，此时菩萨像环扣链条状饰物突然以成熟形态出现，不能不说印度文化因素发挥着至关重要作用。就目前笔者所知，该时期在狭义的西域（今新疆）境内与河西走廊地区尚未发现相关实例，基本可以排除印度菩萨像环扣链条状饰物从陆路传入的可能性，推测其自海路而来，为北周、北齐，直至隋代菩萨像的装饰注入新鲜活力。

中国菩萨像环扣链条状饰物呈现鲜明地域特征。就其数量而言，北周至隋代西部实例明显多于北齐至隋代东部实例，成都与关中成为其发展的核心区域。就其形式而言，成都北周菩萨像环扣链条状斜披式璎珞与围绕腰部一周的腰带饰，最为接近笈多式样，模仿痕迹一目了然。据此推测，该地很可能是印度菩萨像环扣链条状饰物进入中国的落脚点。成都北周菩萨像亦出现从腰部下垂的八字形细长环扣链条状腰带饰，表明印度文化因素在传入之初，同时进行了中国本土化改造。

关中与陇东地区北周至隋代实例呈现一体化发展态势，不再是原初的印度形式，已经完成了中国化进程。长安八字形环扣链条状腰带饰，与成都实例有明显关联。长安首创的环扣链条状胸饰璎珞在咸阳、长武流行开来。长武、泾川围绕腰部的腰带饰表现为被外翻裙腰遮住右半的相同式样。由此可以进一步推测，成都北周菩萨像环扣链条状饰物流传到长安后获得新发展，再从长安向西输出到达泾川地区。成都与长安同属于北周势力范围，两地之间的佛教文化联系密切。长安作为北周、隋代政治文化中心，积极吸收、改造、输出先进文化，符合当时的文化传播客观情况。邺城北齐实例模仿关中北周实例的痕迹明显，两者的关系不言而喻。青州实例与印度实例存在相当差异与距离，说明菩萨像环扣链条状饰物的中国化程度进一步加强。

通过以上分析，印度菩萨像环扣链条状饰物在中国的传播路线比较清晰，即从成都传至长安，再以长安为中心，向西影响到咸阳、长武、泾川；向东波及邺城和

---

❶ 战国时期已经用环扣链条连接器物,临淄商王墓地出土战国晚期高柄青铜壶与铜人形足方炉的提梁即以环扣链条连接。汉魏南北朝时期,环扣链条的使用量渐增,不仅用于器物的连接,而且也作为首饰使用,其材质大多为金银。

❷ 中国南北朝晚期至隋代佛教造像受到自海路而来的笈多美术的深远影响,学界通过文献与实物的梳理,已经得出比较翔实的研究成果。诸如 [美]Alexander Soper, South Chinese Influence on the Buddhist Art of the Six Dynasties Period, The Bulletin of the Museum of Far Eastern Antiquities，no32, 1960, pp.56-81.[日]冈田健:《北齐样式の成立とその特质》,《佛教艺术》159 号,1985 年。[韩]郑礼京:《過渡期の中国仏像にみられる模做样式と变形样式—如来立像を中心に一》,《佛教艺术》247 号,1999 年。邱忠鸣:《北齐佛像"青州样式"新探》,《民族艺术》,2006 年第 1 期。[日]八木春生:《山东地方における北齐如来立像に关する一考察 》,《佛教艺术》293 号,2007 年。李静杰:《南北朝隋代佛教造像系谱与样式的整体观察》（上、下）,《艺术与科学》（卷 9、10）,北京:清华大学出版社,2009、2010 年。李晓云:《论笈多美术对南北朝后期与隋代佛教造像的影响》,山东大学硕士学位论文,2010 年。

青州。鉴于东部北齐实例明显受到西部北周实例的影响，以及尚未发现南朝相关实例的客观情况，推测含有菩萨像环扣链条状饰物的笈多美术因素从广州登陆，北上沿长江流域溯流而上到达成都的可能性比较大。广州作为魏晋南北朝时期对外贸易通商口岸，也是中外僧人往返海外的起点和终点❶，在传播佛教文化方面发挥的重要作用不容忽视。这与多数笈多美术因素率先影响到建康（今南京）等地的南朝梁代，以及邺城与青州等地北齐佛教美术的情况有所不同。

四、小结

印度菩萨像环扣链条状饰物，在笈多时代与后笈多时代流行开来。这一文化因素通过海路传入中国，并结合汉地使用的链条式样进行了本土化改造，对北周、北齐、隋代菩萨像的装饰产生了深远影响，一直延续到唐代。本稿以菩萨像环扣链条状饰物为着眼点，基本厘清其发展脉络和与之相关的文化交流情况，尤其为笈多美术因素的东传提供了一个崭新视角❷和一条别样路线，也为当今社会仍然普遍使用的环扣链条搭建起一座历史桥梁。

附记

笔者在印度考察时得到中国社会科学院博士后体恒的诸多帮助。本稿在写作过程中承蒙清华大学李静杰教授提供实地调查资料，日本筑波大学博士后王友奎协助收集日文资料。谨致谢忱！

本文为国家社科基金艺术学重大项目"中华民族服饰文化研究"（项目编号：18ZD20）的阶段性成果。

---

❶ 西晋印度僧人耆域从东南亚来到交趾(今越南北部)、广州，再经过湖北襄阳达到洛阳。参见[南朝·梁]释慧皎撰，汤用彤校注:《高僧传》卷9，北京:中华书局，1992年，第364、365页。东晋求法高僧法显自陆路到达印度，从海路归国，原计划在广州上岸，然而由于偶遇大风，所乘船偏离航线，结果抵达长广郡界牢山(今青岛崂山)靠岸。参见[东晋]释法显撰，章巽校注:《法显传校注》，北京:中华书局，2008年，第145、146页。南朝·宋印度僧人求那跋陀罗从师子诸国(今斯里兰卡等国)随泊泛海，于元嘉十二年(435年)到达广州登陆。前引《高僧传》卷3，第130、131页。

❷ 就笈多美术对南北朝晚期至隋代菩萨像造型的影响而言，以往学界研究重心放在游足(重心倾向一足的姿势)、肌体、量感、宝冠等方面，对菩萨像装饰的研究尚存在较大空间。

高雪 / Gao Xue

高雪，敦煌研究院助理馆员，本硕就读于鲁迅美术学院染织服装艺术设计系染织专业，现就职于敦煌研究院美术研究所，主要从事敦煌图案研究与设计相关的工作。

敦煌莫高窟壁画与
敦煌丝织物中菱形装饰纹样初探

高雪

基于参与《敦煌服饰文化图典》图案绘制过程中的一些思考，给大家分享的是《敦煌莫高窟壁画与敦煌丝织物中菱形装饰纹样初探》。虽然说敦煌壁画和敦煌当地出土的丝绸织物，是两种截然不同的载体，但是聚焦在服饰纹样这个题材上，他们都从属于中国传统服饰文化艺术的范畴。敦煌壁画和敦煌丝绸织物，从菱形纹样的角度来探析，在时间上和地域上一致性的特征，使两者具备了相当的研究价值。

一、中国早期织物的菱纹渊源

如果追溯菱纹的渊源，早在5000年前的彩陶上已经出现了运用成熟的菱纹。可以说菱纹起源于原始人类对具象纹饰的抽象和模拟，一定程度上体现着古代先民早期的审美选择和对装饰艺术的思考。

追溯中国早期织物上的菱纹装饰，在公元前11世纪～公元前5世纪，即西周～春秋时期，出土的商周青铜器和商代几何纹丝绸织物上已经有菱纹主题。商周时期出土的残留在青铜器上的织物纹样已经有直线的回纹、云雷纹、勾连雷纹。其中勾连雷纹是菱纹在早期织物上直线构图的变体形式。到了春秋特别是战国时期，根据历史文献和实物表明，战国的丝织工艺取得了很大成就，其中锦绣织物最为重要，湖北荆州马山楚墓出土的一件"龙凤虎纹绣"（图1），主题纹样是神异动物题材，这是战国中晚期的刺绣珍品，如果把图案接版来看，可明显看出是菱形骨架的动物图案设计。这种菱形不是一个单线的菱形纹样，而是隐藏在具体装饰纹样的结构当中。从纹样设计的角度来看，染织纹样的设计，尤其是丝绸纹样的设计，图案接版不可忽视。因为考虑到视觉上的完整性和图案的连续性，且早期织物图案循环一般较小，所以说"龙凤虎纹绣"这种隐藏在装饰纹样中隐性框架的菱纹样式是比较常见的，这也是中国早期织物中的一些菱纹渊源。

二、菱纹的游牧性

此外，菱纹有一定的游牧性特征。图2、图3这两件文物分别是方形树叶纹毛织栽绒鞍毯和彩绘舍利罐，都出土于我国新疆地区，时间上一个是公元前的西汉，另一个是公元4～5世纪，公元4～5世纪是中亚游牧民族最为活跃的时期，敦煌位于河西走廊西端这样一个特殊的地理位置上，当时的敦煌也是游牧民族驰骋的舞台。栽绒鞍毯属于游牧民族马背上的用品，中央方框内装饰四方连续的网状菱纹；舍利罐是佛教高僧圆寂后用来盛放佛骨舍利的容器，虽然罐上的颜色已经氧化和漫漶，但白色二方连续的菱形骨架仍然清晰，并且在菱形骨架的交接处装饰有红色圆点。

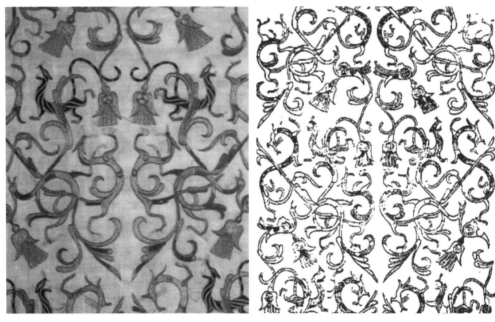

图1

图2　图3

图1　龙凤虎纹绣，湖北荆州马山楚墓出土

图2　方形树叶纹毛织栽绒鞍毯，西汉，山普拉墓地出土（和田）

图3　彩绘舍利罐，公元4～5世纪，新疆南部柯坪县出土（阿克苏）

除此之外，在敦煌周边及甘肃部分地区出土的大量织品实物印证了丝绸织物通过游牧部落向西传播路径的开端，敦煌的地理位置十分重要，东接中原，西临新疆，自汉代以来一直是丝绸之路上的重镇，东西方的文化、艺术依托于宗教汇集于此，正如佛教在传播过程中经过了中亚和西域等地的洗礼一样，作为莫高窟图案艺术的一部分，莫高窟壁画中的菱纹装饰在传播过程中也经过一定的演绎和发展，它再进入莫高窟壁画中就带有一定的游牧性特征。

三、壁画菱纹的装饰特征

（一）菱纹分布的装饰部位

莫高窟壁画的菱纹装饰风格，根据菱纹类型、装饰部位不同而有所差异。装饰部位根据洞窟形制所形成的建筑空间来划分，主要分为窟顶和立面两部分。

1.洞窟窟顶

北朝石窟主要的窟顶建筑形式为：前部是人字披顶，后部是平顶，仿制中国传统木质建筑的结构，后部的平顶上通常彩绘平棋图案为装饰，在北朝时期，菱纹主要装饰部位就是平棋图案四周的边饰；到了隋代，菱纹主要装饰于藻井的边饰；唐代随着佛教中国化的进一步发展，窟内空间顶部的覆斗顶形制确立，随着洞窟体量的扩大，藻井图案的层次随之丰富，唐代窟顶四披上通常绘制千佛，菱纹是四披交界处装饰条带式二方连续纹样中出现频率较高的装饰元素。由于开凿于沙砾岩崖面上，石窟建筑的内部壁面并非绝对对称和平整，因此彩绘条带状纹饰除装饰作用外，一定程度上具备平衡、稳定视觉空间的调节功能。

2.洞窟立面

菱纹在洞窟立面之上的装饰，较多表现于初唐和唐代以后的洞窟，洞窟内部西壁开龛，龛沿内外两侧以贯通式彩绘二方连续的条带状菱形纹样，将窟龛边缘装饰得华美和谐。洞窟立面南北两壁的中央，自隋代开始绘说法图，通常是一佛二菩萨的组合形式；到了唐代，随着装饰性的逐步完善，说法图的四周模仿中国古代书画裱衬，出现了独具一格的装裱风格菱纹边饰。

（二）莫高窟壁画中的菱纹类型

菱纹另外一个主要装饰的部位是壁画彩塑的人物服饰，表现为服饰面料的图案，在风格方面菱纹与同时期的时代风格一致，与相邻时代的纹样风格则在延续、继承中有创新，下面以北朝、隋、唐的莫高窟壁画为例，梳理菱纹类型。

1.北朝壁画菱纹

北魏时期洞窟壁画内容丰富，这一时期的典型菱形纹样在建筑装饰、人物服饰、织物面料上表现出风格的一致性特征，但在数量上仍以建筑装饰最为常见。

　　下面是从北魏洞窟中提取了三个典型的图像。第一幅是莫高窟北魏第254窟《降魔变》中的人物（图4），图中主体人物头戴兜鍪，身穿横条纹筒袖铠，这是北朝军服的一种样式。在这几个将士中间，有一个侧面站立的男性形象，他头部微微上扬，头顶上方的壁画已经有一些脱落，但是身上的服饰保存非常完整。其服饰纹样为土红底色上由白色圆点连缀成面状菱格，由石青色圆点点缀菱格中央，和同洞窟中《尸毗王本生》图中的坐垫织物菱纹图案是相同构成关系（图5）。

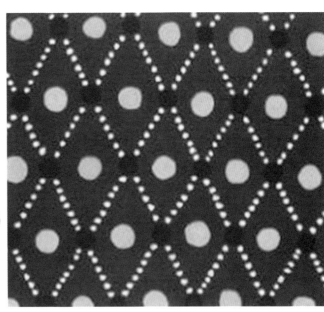

图4
图5

图4　莫高窟北魏第254窟，《降魔变》人物菱纹服饰

图5　莫高窟北魏第254窟，《尸毗王本生》坐垫织物图案

同时期莫高窟第435窟平棋图案的菱纹边饰（图6），同样是土红底色上白色圆形连缀成几何框架结构，作为模仿木构建筑的平棋边饰，与北魏第254窟中的人物服饰图案、坐垫织物图案的菱纹高度相似，因此可理解为它是织物纹样转绘到建筑装饰上的一种灵活运用的表现形式，另外它也表现出了北魏时期菱纹装饰风格的一致性。

莫高窟北周第428窟是莫高窟早期洞窟里最大的中心塔柱式洞窟，因为洞窟的空间比较大，所以平棋图案的数量也相对增加。在这个洞窟里截取了三个相邻的平棋图案，平棋的中央是展瓣的莲花，周围环绕青金石色的水纹，在内外两个边框都装饰忍冬纹，四个岔角处有飞天，在平棋最外层的边饰同时装饰有多种类型的菱纹。

在莫高窟北周第428窟后部平顶部分的平棋图案（图7）中，提取了几种经典的菱纹类型，即闭合的中空菱纹和完全闭合的面状菱纹。下图最左侧的菱纹是用类似绘画排线的方式表现的，其实它不是同时期洞窟中经常出现的一种类型，但也非常经典，菱纹框架就隐藏在这些排线当中。另一种常见的北朝菱纹是用线形菱格进行套叠组成菱形框架，这种类型是在莫高窟北朝洞窟，尤其是北周第428窟中反复出现的一个纹样。完全闭合的面状菱纹仅通过颜色变化来形成视觉上的节奏感，每一条面状小菱格边饰的色彩选择有邻近色、互补色之分，因色彩比例的变化，而传达出跳跃、古朴或稳定的不同韵律感。作为一个局部，菱纹边饰在稳定的边框功能之上通过色彩和纹样的多样设计，在窟顶甚至整个洞窟空间里又叠加了一层平面装饰的美感。

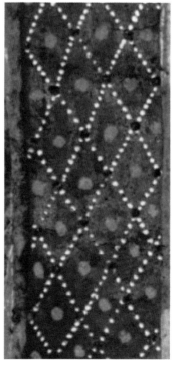

图6 莫高窟北魏第435窟，平棋图案的菱纹边饰

2. 隋代壁画菱纹

到了隋代，菱纹转而较多出现在壁画中佛、菩萨的衣饰上。莫高窟隋代第427窟南壁人字披下一佛二菩萨塑像菱纹是隋代具有代表性的服饰纹样案例（图8），不仅是由于该洞窟体量较大、内容完整，且塑像高达4米。北壁弥勒立像右侧胁侍菩萨衣裙上较大面积分布主要有两种菱纹装饰，包括单色中空套叠的线状菱纹、红绿蓝黑四种颜色跳接的面状菱纹，并在纹样之上绘出经向或纬向的织物纹理，按照丝绸织物印染发展阶段推测该织纹有表现织锦、绮织物或中亚伊卡特织物纹理的可能性。另外菩萨下裙的菱纹，局部采用波浪线条对菱形框架进行勾线的技法，既写实表现了织物面料的柔软特征，同时也通过菱形纹样绘画技法表现出了隋代菱纹的时代风格，不仅用于服饰，同样的风格还出现在莫高窟隋代第379窟莲花化生藻井的菱格边饰上（图9）。

莫高窟隋代第427窟的菩萨上衣菱格狮凤纹图案非常有代表性（图10），它是中西纹样的一种结合。狮子纹和联珠纹是西方文化的产物，凤纹和菱格纹是中国传统图案中的代表性纹样，这些元素结合形成隋代中西方纹样融合创新的独特风格。

图8 莫高窟隋代第427窟，南人字披下弥勒立像

图9 莫高窟隋代第379窟，莲化生藻井菱格边饰

图10 莫高窟隋代第427窟，心柱东向龛北侧的左胁侍菩萨

图8
图9
图10

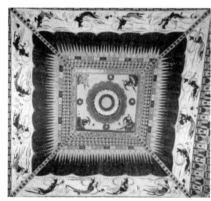

莫高窟隋代第407窟的三兔莲花纹藻井（图11），菱纹装饰在中央藻井的最内层边饰上，从边饰细节图上可以看到，它不仅在菱格上做了曲线的变化，而且在菱格的交界处都装饰了小花朵，在菱格内部空间的最中央就是八瓣小花，在四角上又填充了背叶忍冬。隋代的艺术整体上处于思辨的过程，菱格狮凤纹正是莫高窟壁画中隋代服饰开创一代新风的例证。

莫高窟隋代菱纹的风格体现在以下方面：

第一，服饰上的菱形纹样着重表现织物纹理。

第二，菱纹框架内装饰动物纹和植物纹题材，复合化特征初显。

第三，菱格骨架解构成几何形填充边框。

3. 唐代壁画菱纹

莫高窟第217窟是壁画保存完整且丰富，可代表盛唐高超艺术水平的经典洞窟。主室西壁龛外北侧有一幅观音裙饰上有两种菱纹。此时的菱纹（图12）相比前代已经更加精致细腻，单个菱格内分冷暖两色在红底色上从两端向内渐变，是模仿织物质地纹理的技法，并用白色圆珠点缀菱格中央，是对唐代织物面料的写实表现。

莫高窟唐代洞窟在西壁开龛，敞口龛的龛沿内外通常做条带状贯通式的二方连续装饰，莫高窟盛唐时期的装饰图案是唐代装饰发展的成熟阶段。其中盛唐第217窟龛沿内侧菱纹整体色彩与纹样的构成效果富丽华美（图13），菱格中央彩绘八瓣

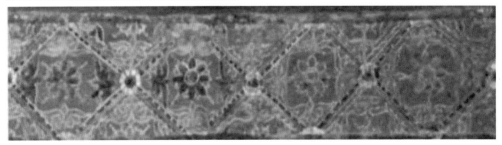

图11 莫高窟隋代第407窟，三兔莲花飞天藻井的菱纹边饰

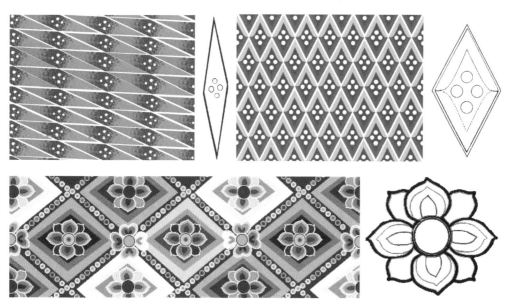

图12 莫高窟盛唐第217窟，
外北侧观音服饰图案

图13 龛沿内侧菱格边饰

图12
图13

小花，它是隋代菱形纹样中格内嵌花构图的延续，菱格内部以层层退晕来表现层次，并且将联珠填饰在纹样交界处。这是菱形装饰纹样在莫高窟可作为断代参考的一处依据。莫高窟第217窟西龛内沿高明度且富丽的配色以及联珠边饰和花瓣的饱满造型，结合整窟壁画看来顿显唐人崇尚丰腴雍容的气度，间接地反映了当时古代人们的社会意识形态和审美选择。

在莫高窟另外一个值得注意的唐代菱纹装饰之处是说法图的边框装饰。唐代前后，丝绸开始用于书画的装裱，莫高窟盛唐第444窟北壁中央说法图的四边（图14），其左右两边和上边都用菱格纹作二方连续的装饰，并且莫高窟藏经洞中发

图14 莫高窟盛唐第444窟，
北壁中央说法图

现的不少绢画在周边都有用于装饰和保护的丝绸，保存佛教经文的经帙，也在缘边镶织锦。宋代周密的《齐东野语》中有记载"绸"多用于装裱，"绫"多用于裱衬，"锦"和"缂丝"多用于"包首"。因此在莫高窟壁画的说法图边缘装饰菱纹是一种对唐代装裱形式的艺术表现。

表1对北朝部分经典洞窟建筑装饰中的单元菱纹做了初步梳理。北朝洞窟中菱纹的装饰形式主要是二方连续，这跟它的装饰部位有关，主要装饰在平棋图案的四周，按照菱形边框表现形式可分两种：一种是直线边框的套叠结构，另一种是由几何纹样排列构成的菱形边框。如莫高窟第257窟的菱形即是由斜向排列的跳色小正方形构成边框，莫高窟第260窟的菱形边框则是由圆点连缀构成。菱格中央装饰的复杂程度皆与所饰平棋所在洞窟风格相适应，北魏、西魏、北周的菱格内饰有圆形、漩涡形、菱形等。

表2是从莫高窟初唐及盛唐壁画人物服饰中提取的部分菱纹。

莫高窟第203窟、第57窟和第329窟有着最具代表性的服饰菱纹，它们的菱纹单元形边框用模拟织物纹理的技法构成，在单元菱格内部的填充元素主要有圆形和十字两种，通常在圆形两侧以彩绘色带作渐变装饰，或在十字的四个端点装饰几何形，如莫高窟第125窟菩萨短裙上菱纹框架内十字四角的三角形元素。格内嵌花的演变过程与唐代服饰面料上的十字花形发展阶段相对应，唐代对服饰面料精细的写实表现，也在一定程度上反映唐代纺织业的高水准。

表3是对莫高窟盛唐壁画中建筑装饰菱纹类型的梳理，表格中的纹样主要装饰于莫高窟盛唐洞窟西壁龛沿的内外两侧。

盛唐时期，服饰上的菱纹更加精致细腻，壁画里的菱纹则主要在其单元格中填饰的元素内容上有较大的变化，填充元素仍以花型为主，与隋代花叶比例相近的特征相比，此时期的填充花型更加得醒目和整体，花朵分为四瓣或六瓣，表现形式同样是二方连续。加之西壁龛沿这一醒目且宽阔的装饰部位，为该部位菱纹装饰丰富、细腻、复合化提供了客观条件。

另外一种莫高窟壁画服饰图案中的菱纹，是隐藏在图案秩序当中的菱形框架。一般呈现为十字结构的花卉图案，作菱格式样的排列组合，在间接的骨式规范下服饰纹样含蓄、规整而有序。表4提取出来的这些十字花纹是从隋代到晚唐的莫高窟壁画中的经典服饰花纹。纹样的来源包括菩萨衣裙、经变故事人物服饰、舞乐伎服饰等。尤其是晚唐时期，莫高窟发现的织物面料上的纹样和莫高窟壁画中的服饰纹样，呈现出同步趋势。

表 1　莫高窟北朝早期洞窟建筑装饰中的菱纹

编号	单元形	纹样来源	装饰形式	时间	纹样图像
莫高窟第257窟		平棋边饰图案	二方连续	北魏	
莫高窟第260窟		平棋边饰图案	二方连续	北魏	
莫高窟第260窟		平棋边饰图案	二方连续	北魏	
莫高窟第248窟		平棋边饰图案	二方连续	西魏	
莫高窟第248窟		平棋边饰图案	二方连续	西魏	
莫高窟第285窟		平棋边饰图案	二方连续	西魏	
莫高窟第288窟		平棋边饰图案	二方连续	西魏	
莫高窟第428窟		平棋边饰图案	二方连续	北周	
莫高窟第428窟		平棋边饰图案	二方连续	北周	
莫高窟第428窟		平棋边饰图案	二方连续	北周	
莫高窟第428窟		平棋边饰图案	二方连续	北周	
莫高窟第428窟		平棋边饰图案	二方连续	北周	

表2 莫高窟壁画人物服饰中的菱纹类型（显式框架）

编号	单元形	纹样来源	装饰形式	时间	纹样图像
莫高窟第203窟		供养菩萨上衣	四方连续	初唐	
莫高窟第57窟		供养菩萨上衣	四方连续	初唐	
莫高窟第57窟		供养菩萨上衣	四方连续	初唐	
莫高窟第329窟		供养菩萨短裙（腰）	四方连续	初唐	
莫高窟第328窟		供养菩萨披帛	四方连续	初唐	
莫高窟第328窟		供养菩萨短裙	四方连续	初唐	
莫高窟第217窟		菩萨裤腿	四方连续	盛唐	
莫高窟第217窟		菩萨	四方连续	盛唐	
莫高窟第125窟		菩萨短裙	四方连续	盛唐	

表3 莫高窟建筑装饰壁画中的菱纹类型

编号	单元形	纹样来源	装饰形式	时间	纹样图像
39		西壁龛沿内侧边饰	二方连续	盛唐	
46		北壁边饰	二方连续	盛唐	
49		西壁龛沿外侧边饰	二方连续	盛唐	
113		西壁龛沿内侧边饰	二方连续	盛唐	
129		窟顶藻井边饰	二方连续	盛唐	
172		西壁龛沿内侧边饰	二方连续	盛唐	
176		窟顶两披交界边饰	二方连续	盛唐	
185		窟顶藻井边饰	二方连续	盛唐	
320		两披交界边饰	二方连续	盛唐	
444		壁面说法图边饰	二方连续	盛唐	

表4　莫高窟壁画服饰图案中的菱纹类型（隐式框架）

编号	单元形	纹样来源	装饰形式	时间	纹样图像
莫高窟 第244窟		彩塑菩萨子 织锦图案	四方连续	隋代	
莫高窟 第217窟		第217窟菩萨衣裙 印花图案	四方连续	盛唐	
莫高窟 第196窟		经变故事人物 服饰印花图案	四方连续	晚唐	
莫高窟 第196窟		舞乐伎上衣图案	四方连续	晚唐	
莫高窟 第9窟		劳度叉半圣变 男裤织花图案	四方连续	晚唐	
莫高窟 第9窟		劳度叉斗圣变人物 织花裙子图案	四方连续	晚唐	
莫高窟 第156窟		帝王出行图侍从人 物织花服饰图案	四方连续	晚唐	
莫高窟 第156窟		帝王出行图侍人物 织花服饰图案	四方连续	晚唐	

四、敦煌发现的菱纹丝织物

莫高窟发现的菱纹丝织物，主要有三类：绮织物、罗织物、印花绢织物。由于绮和罗织物的织造工艺的特殊性，面料上的菱纹多织成为单线几何骨架套叠的菱纹，当中没有过多装饰（图15、图16）。

莫高窟初唐第57窟美人菩萨的裙腰上有菱纹图案（图17）。菩萨裙腰上的菱形纹样织物（图18）引用于常沙娜先生《敦煌历代服饰图案》一书，图案的结构表现和深蓝色菱格纹绮（图15）相一致，而且颜色上也非常相似，但不能因颜色和花纹将其断定为唐代绮织物，纺织业发展到唐代，织造印染等水平臻于成熟，裙腰上的菱纹图案用当时流行的夹缬、绞缬、蜡缬技法都可实现，同时图像中明显的纵向花纹与流行于中亚地区的伊卡特纺织技法相似，因此不排除以上多种织、印技法的可能性。中国出土的织物面料往往不能直接表现出织造结构、纹样风格以及服饰文化，莫高窟唐代壁画中留存大量丰富的服饰及纹样，是与出土实物对照分析的有力证据，为研究中国古代服饰文化提供了可靠的图像支持。

莫高窟初唐时期第208窟，菩萨上衣的织花图案上也有这种表现织物纹理的装饰，并且还装饰了联珠纹做条带状的分隔（图19）。

深蓝色菱格纹绮（晚唐～五代 9～10世纪）MAS.940（Ch.00430.a）　　黄色菱格纹绮（唐～五代 7～10世纪）L.S.385（Ch.00503）

 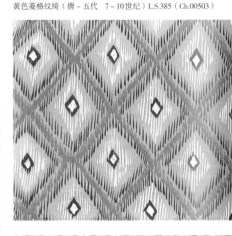

俄罗斯艾尔米塔什博物馆藏的菱格小花印花绢（图20），在菱纹骨架内嵌单个花型的构图，和壁画建筑装饰纹样和服饰纹样的风格特点相一致，由于平纹织物有面料坚韧、易于防染的特征，所以经常采用夹缬、染缬和碱剂印花的方法来印染花纹（图21）。

下面两幅十样花纹夹缬绢，它们与莫高窟晚唐时期壁画人物服饰图案有高度的一致性（图22、图23）。

如莫高窟晚唐第138窟北壁少年供养人的织花束腰图案，和莫高窟发现的晚唐花卉菱纹夹缬绢幡菱纹图案从构图分割到单个花型的构成高度相似（图24、图25），由小朵花来构成网状菱格，在其间嵌入十字形四瓣的花朵，相较之下，差异性则表现在细微之处——出土面料上的夹缬花型更为细腻，壁画人物服饰上的花纹则更加概括。

菱格小花印画绢（盛唐 7～8世纪）222a　　　　黄棕色菱纹罗（唐～五代 7～10世纪）L.S.378（Ch.00337）

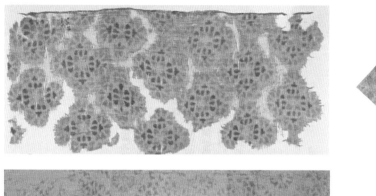

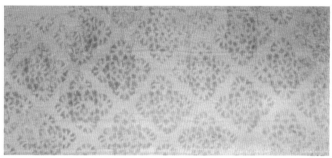

图20 ┃ 图21
图22
图23
图24

图20　菱格小花印花绢，唐～五代，俄罗斯艾尔米塔什博物馆藏

图21　黄棕色菱纹罗，唐～五代，英国维多利亚和艾尔伯特博物馆藏

图22　十样花纹夹缬绢，盛唐～中唐，英国大英博物馆藏

图23　十样花纹夹缬绢，盛唐～中唐，英国维多利亚和艾尔伯特博物馆藏

图24　莫高窟晚唐第138窟，北壁少年供养人织花束腰图案

图25 晚唐花卉菱纹夹缬绢幡
菱纹

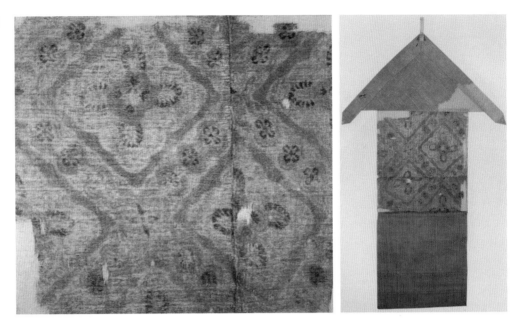

在提取出敦煌丝织物菱纹单元形过程中（表5），对应莫高窟壁画显示出明确的关联性，关联性最高的菱纹主要有三类：第一类为简单几何形的网格状构图；第二类为仅作颜色变化的面状菱纹；第三类为十字花型排列组合成秩序井然的菱格构图。

表5 敦煌丝绸中的菱纹类型

收藏编号	单元形	纹样来源	装饰形式	时间	纹样图像	材质
MAS.904（Ch.00344）		红色菱纹罗	四方连续	晚唐~五代（9~10世纪）		罗
L.S.378（Ch.00337）		黄棕色菱纹罗	四方连续	唐~五代（7~10世纪）		罗
L.S.385（Ch.00503）		黄色菱格纹绮	四方连续	唐~五代（7~10世纪）		绮
MAS.940（Ch.00430.a）		深蓝色菱格纹绮	四方连续	晚唐~五代（9~10世纪）		绮
Nx166		菱形纹绮	四方连续	晚唐~五代（9~10世纪）		绮
MAS.896（Ch.00240）		紫色菱格纹绮-1	四方连续	晚唐~五代（9~10世纪）		绮
MAS.896（Ch.00240）		紫色菱格纹绮-2	四方连续	晚唐~五代（9~10世纪）		绮
222a		菱格小花印花绢	四方连续	盛唐（7~8世纪）		绢

续表

收藏编号	单元形	纹样来源	装饰形式	时间	纹样图像	材质
Hir140ct04/24		夹缬十字宝花纹绢-1	四方连续	盛唐~中唐（7世纪下半叶~9世纪上半叶）		绢
Hir140ct04/24		夹缬十字宝花纹绢-2	四方连续	盛唐~中唐（7世纪下半叶~9世纪上半叶）		绢
L.S.544（Ch.lxi.005）		十字花纹夹缬绢（现藏于英国维多利亚和艾尔伯特博物馆）	四方连续	盛唐~中唐（7世纪下半叶~9世纪上半叶）		绢
MAS.931（CH0039.a）		十字花纹夹缬绢（现藏于英国维多利亚和艾尔伯特博物馆）	四方连续	盛唐~中唐（7世纪下半叶~9世纪上半叶）		绢
EO.1200		菱格经绞编帙	二方连续	盛唐~中唐（8世纪）		经绞织物
EO.1200		菱格经绞编帙	二方连续	盛唐~中唐（8世纪）		经绞织物

莫高窟发现的面料织物的现状如下：敦煌研究院旧藏57件，北区石窟考古报告中记载有"绫、罗、纱、绮、锦、缎、绸、棉织、毛织物"这些种类的残片；另外有大量精美丝绸织物流失海外，如英国的大英博物馆、维多利亚和艾尔伯特博物馆、英国国家图书馆，俄罗斯的艾尔米塔什博物馆，法国的吉美博物馆、法国国家图书馆等处。大量织物流失到海外的确非常可惜，今天我们通过对莫高窟服饰和面料纹样的提取与再创作，不失为对莫高窟优秀文化艺术中装饰精神的再次传承。

五、莫高窟菱纹的形态构成

从图案设计形态构成的角度来看，莫高窟从北朝到唐代壁画中的建筑装饰、人物服饰与敦煌出土丝织物上的菱形装饰纹样，既有完整明晰的，又有变形、隐形的，不仅可依据菱纹骨架和内饰的变化来区分时代特征，并进一步印证了菱形纹样形态构成所遵循图案设计的秩序感法则，在简单几何单元形的组合中，菱形骨架起到图案构图分割的作用；在复杂单元形构成中，菱形起到规范图案秩序的作用。

诸葛铠先生认为"任何设计都可以看成一个系统化的结构组合，各个部分'各司其职'，虽然不能互相代替，但却能相互作用。"由于菱纹自身具备天然的框架性、规律性和秩序感，在装饰图案里兼备填充和连接的功能，若将单元纹样看成一个菱纹母题，那么重复的母题组织成整个平面，便没有明显的焦点，在这样的二维平面上，主体图案均匀分布，整体上构成了一种相似形分割的晶体式平衡（图26）。

当然，在比较壁画建筑菱纹和壁画服饰菱纹时，服饰上的菱纹内饰明显简单于建筑彩绘部分，类型有限层次简单，在某种程度上说明了服饰纹样受限于织造结构，画师在壁画创作过程中参考了实际面料织物而导致了这样的差异。

六、结语

当置身于莫高窟真实的洞窟当中，放眼望见几何菱纹所处的建筑空间，无论是人物服饰的整体、佛龛塑像壁画的整体，抑或整窟图像色彩布局的整体，目光必然会一次次落到某一个富有张力的局部。当然，本文所选取的菱纹案例在壁画和织物面料里的位置也是这样，每一个纹样都不是孤立存在，而是装饰于佛教壁画、彩塑、经幡等载体之上。

作为整体画面的一部分，每一幅菱纹与所处画面都是和谐的，但对调到另一处就不一定合适。在莫高窟北朝早期的平棋图案边饰上，菱纹风格抽象简约；在隋代思辨开拓的艺术风格下，菱纹风格融汇中西富于创造；在唐代面料与壁画中，菱纹所处环境色彩绚丽富有雍容气度，这时的菱纹如莫高窟盛唐第217窟龛沿所装饰的一样，层次丰富，华丽热烈。每一时期的菱纹装饰都遵循了风格发展的内在规律，这是莫高窟装饰艺术在朝代更迭变换中所特有的分寸感。

因此在探讨敦煌莫高窟这一特定语境下的一种装饰纹样时，必定要参考不同载体上菱纹的形状、色彩和肌理，以及其所装饰画面、所处洞窟的单元形数量、方位和在画面里的动静关系，进而着眼由单位菱形纹样构成的整体图案。简言之，莫高窟菱纹通过封闭和开放的两种相似形分割，蕴藏和传递出其含蓄的动态美感。

无论骨骼框架明显与否、是均衡对称或自由，在今天一幅好的染织图案设计也要求一定有内在的秩序框架。我们今天做服饰复原的时候，可以一定程度地借鉴、参考中国古代传统工艺、传统图案和配色，希望以上的探索分析能够为敦煌服饰图案研究和创新设计做有效的积累。创新设计是促进传承的有效办法，要带着疑问去观看洞窟，去找寻和欣赏这些壁画里丰富多彩的装饰图案，找到解读敦煌图案的新视角，在前人优秀成果的基础上汲取艺术精神做设计创新。

楚艳 / Chu Yan

北京服装学院艺术设计学博士。北京服装学院服装艺术与工程学院教授，「楚和听香CHUYAN」品牌创始人及艺术总监，敦煌服饰文化研究暨创新设计中心副主任。致力于推动传统文化艺术在现代生活中的应用，近年来从事中国传统服饰传承与创新的研究与探索，十多年的设计生涯中曾多次获得国际国内设计类大奖。

知来处　明去处
——敦煌服饰的传承与创新探索

楚艳

敦煌文化使我受益匪浅，我这些年绝大部分作品的灵感和美学，其实都源于敦煌艺术。我想和大家分享一下我这些年在敦煌服饰传承与创新设计方面的探索与进步。

一、与敦煌文化结缘

2013年，北京服装学院与敦煌研究院合作举办了"垂衣裳——敦煌服饰艺术展"，展览除了"敦煌临摹壁画服饰文化主题展""敦煌壁画服饰形象复原展"以外，学校还邀请国内设计师以敦煌主题为灵感进行创作，我也是受邀设计师之一。

图1是我那次的设计作品。那时，我还从没去过敦煌，对敦煌的了解都是来自一些书本、纪录片和图片，对敦煌的理解也是朦朦胧胧，浮于表面。图1的服饰是很简单地应用敦煌图案和色彩进行设计，上面的纹样参考了常沙娜先生的《中国敦煌历代服饰图案》和《中国敦煌历代装饰图案》。

后来，我专程去了敦煌。第一次走进莫高窟，我感受到敦煌艺术给我带来的震撼，真实地感受到它巨大的磁场。作为西安人，我从小生长在大唐帝都长安，但我和唐文化的连接其实是从敦煌才开始的。

图2是常沙娜先生《中国敦煌历代服饰图案》里的供养人画像。这本书是常沙娜先生和刘元风教授在20世纪80年代对敦煌服饰进行整理的代表书籍，也是包括我在内许多中国当代设计师的一份重要的设计灵感素材库。

我有幸在2012年与常沙娜先生结缘（图3），她那一年开始筹备个人的《花开敦煌》艺术文化展，她非常希望与几位中国当代青年设计师合作，对敦煌艺术当代的设计传承进行一些探索。

我是在服装领域与常沙娜先生合作的青年设计师，基于她整理的敦煌图案和个人创作，进行新的尝试。这是我第一次对敦煌莫高窟壁画的供养人服饰艺术进行再现（图4），也是我第一次再现唐代的传统服饰。

我一直认为这不是复原而是艺术再现，因为敦煌壁画毕竟是二维画面，无论对于服装的结构、材质还是工艺，都不能够提供真实的参考。当然，这样的合作给我带来了很大的挑战。因为敦煌供养人服饰画像只有正面，所以我们需要揣测服饰背面的模样以及整体的服饰结构，还有模糊的图案褪色前的颜色。这些都需要设计师通过研究进行补充，我们对唐代服饰材质、颜色、工艺等方面进行了考据和对比，尽可能把服饰呈现出来。常先生第一次看到临摹的敦煌人物形象能够真正鲜活地呈现出来时，也非常开心。

在艺术再现过程中，我们也在探索敦煌艺术在现代时装设计中的应用，基于整理出的纹样和色彩，做了很多纹样应用的尝试（图5）。早期的作品还是比较简单直接，随着经验不断积累，技术手段不断提升，无论是敦煌服饰艺术再现，还是创新设计，都在一步一步升级。

图1 ｜ 图2
图3 ｜ 图4

图1　五色鸣沙，设计：楚艳

图2　供养人画像，《中国敦煌历代服饰图案》（常沙娜）

图3　楚艳老师与常沙娜先生合作

图4　莫高窟晚唐第9窟，服饰艺术再现，设计制作：楚艳

图5 敦煌元素服装设计作品，设
计：楚艳

二、基于唐代服饰的红色研究及设计创新

2013年，我有幸跟随刘元风教授攻读北京服装学院"中国传统服饰文化的抢救传承与设计创新"的博士。我在老师的引导下，开始进行中国传统色彩研究。在我多次往返敦煌与敦煌研究院专家们沟通的过程中，我发现在中华服饰新体系的建立过程中缺失传统色彩体系，于是我最终定下"基于唐代服饰的红色研究及设计创新"的课题。

在研究过程中，我对图像及考古实物的色彩进行提取和分析，其中敦煌壁画的色彩是我研究唐代服饰色彩最重要的研究资料及灵感来源（图6）。

敦煌壁画上的服饰色彩都来自有限的矿物质颜料。实际上，我认为唐代服饰的色彩体系一定更加丰富，因为唐代服饰使用植物、矿物、动物等天然染料进行染色，所以在研究唐代服饰色彩时，我除了对敦煌壁画追根溯源外，还从传统染色技法入手。比如红花染，由丝绸之路传入中国，给唐代服饰带来了全新的色彩篇章。参考唐代的红色染料和染色工艺，我从红花染开始，尝试还原唐代的色彩，结合国际流行色，探索当代"中国色"自己的语言（图7）。

红花染最早由埃及人发明，通过丝绸之路，经过古代波斯、印度，然后通过西域诸多地区传入敦煌。据有关文献记载，唐代敦煌周边很多寺庙周围都种植着红花，红花在唐代是一个非常重要和普及的染料，也沿着丝绸之路经过长安传播到东亚的其他国家，比如韩国、日本等。红花传播路线与陆上丝绸之路的路线其实是一致的，因此色彩文化的交流、染色技术的传播，都是紧紧跟随着丝绸之路。这条路线不仅是古丝路的重要路段，也是唐代东西方色彩文化、纺织品、染料、染色技术交流传播的路线，体现出唐王朝开放包容的胸怀。

为了对色彩文化进行深入研究，我也多次赴日本、印度、韩国探究天然染色的

6　莫高窟盛唐第130窟，都督
人礼佛图女供养人像，临摹：
文杰，色彩归纳：楚艳

7　红花染及中国色

图6
图7

大红	石榴红	牡丹	章丹	珊瑚朱
红花 R：255 G：33 B：33	红花 R：242 G：12 B：0	红花 R：182 G：10 B：54	红花 R：233 G：101 B：55	红花 R：241 G：124 B：103
红梅	银红	嫣红	桃红	凤仙粉
红花 R：225 G：107 B：140	红花 R：195 G：106 B：121	红花 R：239 G：122 B：130	红花 R：245 G：150 B：170	红花 R：241 G：168 B：170

技艺传承。我曾前去日本拜访吉冈幸雄老师（图8）。吉冈幸雄老师曾在北京服装学院分享了一场精彩的学术讲座，并表达了他对大唐文化的敬仰之情，他也希望中国的年轻设计师不要忘记自己的祖先，尤其要利用好唐代文化宝库，从中学习并汲取灵感。

我希望通过探索去找寻这些已经失传或者说被遗忘的古老染色技艺（图9）。这些年我还前往新疆，新疆有着大规模的红花种植产业，但是生产的红花仅作为中草药和食材，其染色的价值完全被忽略了。我通过几次去新疆，与当地服装企业及当地政府沟通，更多的人已经开始关注到了红花在服饰色彩领域的重要价值。在我的博士课题研究过程中，崔岩老师和杨建军老师在红花染色的技术上给予了我极大的帮助（图10）。

在博士期间，除了色彩研究外，我还再次将敦煌莫高窟五代第98窟女供养人的服饰进行了艺术再现，这个项目也获得了国家艺术基金的支持。从工艺、面料、结构来说，这次的敦煌服饰艺术再现作品（图11）相比2012年的已经有了进一步的提升。我之后也把其中的传统染织、色彩、纹样、结构和工艺应用在当代时尚设计上。

图8
图9

图8 吉冈幸雄老师及其作品

图9 红花染

我所创建的品牌「楚和听香CHUYAN」，2015年在中国国际时装周上发布了一场名为"觉色"的时尚发布会。那场发布会每件时装上的纹样都取自敦煌艺术（图12、图13），尤其是唐代敦煌服饰艺术。服饰设计，离不开对色彩、纹样、结构、工艺等维度的研究和探索。在对传统服饰文化深入研究的基础上，我们应该思考如何能够让传统服饰融入当代人的生活方式，以及让它更有实用性。

三、千年之约，一带一路

敦煌文化开启了我对丝绸之路文化的探索。在去往敦煌之前，我已经去过了乌兹别克斯坦、尼泊尔、印度等国家，这些古丝路上各国家各民族绚烂的文化让我打

开了视野。真正到了敦煌后，我才开始思考千年前丝绸之路开通带来的中西文化的交流和碰撞，到底产生了什么样的深远影响？

彼得·弗兰科潘在其著作《丝绸之路：一部全新的世界史》（图14）中指出："我们通常把全球化看作是当代社会独有的现象，但早在2000年前，全球化已经是事实，它提供着机遇，带来了问题，也推动着技术的进步。"今天我们探讨中国服饰的传承与创新，古代丝绸之路所带来的深远影响以及今天中国倡导的"一带一路"给我们从事时尚行业或者说文化创意领域又带来怎样的思考、机遇和挑战？

这些年，我在世界兜兜转转走完一圈之后，从敦煌开始重新踏上了对国内这一段丝绸之路的深入研究和探索。我从小在西安长大，但好像之前对唐文化的理解还仅仅停留在唐三彩。其实，大唐文化已经在我的血液里种下了种子，潜移默化地影响我（图15）。感恩敦煌文化对我的启发，让唐代文化真正在我的创作中绽放，让我沿着丝绸之路穿越时空，去探索东西方文化延续至今的古典与时尚。

连通中西的丝绸之路就像一条纽带将东西方文化连接起来，唐朝服饰色彩不但发扬了本民族的特色，还吸收了其他外来文化中的有益成分来扩大和充实自己。丝绸之路各国家民族文化交相辉映，交互融汇，如今在意大利、埃及、乌兹别克斯坦、印度、摩洛哥、韩国、日本等国家，我们仍然能够看到很多与敦煌类似的纹样和色彩。

2019年，我受中国文化和旅游部派遣，作为"中华文化讲堂"的一位讲师，前往摩洛哥进行过一次文化交流，除了讲述中国服饰的古典与时尚外，我还在中国驻摩洛哥大使馆进行了时装展演。当时，我与摩洛哥当地知名设计师共同联展，他看到我设计的时装上这些大唐纹样，他说："我觉得这些纹样跟我们摩洛哥的纹样非常像。"至今，摩洛哥当地人们还保留着传统染色手工作坊（图16）。

探索丝绸之路最有趣的事，是在你不断深入、探索的过程中，你会发现这个世界有如此之多曾不可知的这种细微联系。这些千丝万缕的线索令我深深着迷。我相

图14 ｜ 图15

图14 《丝绸之路：一部全新的世界史》（彼得·弗兰科潘）

图15 唐代绘画艺术及色彩归纳

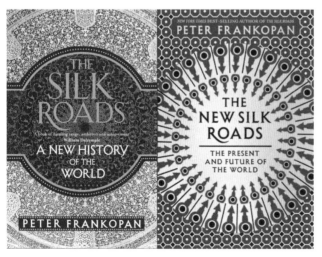

信没有一种文化和艺术是孤立存在的，尤其是在我去过敦煌后，看到了在不同的时期，多种民族、多种文化在敦煌交流融合。这让我看待当下文化传承和创新有了新的视角和思路。

不懂历史就不懂当下和未来。汉唐时期，丝路的开通使东西方文化开始了第一次大规模的交融和对话。大唐绚烂的文化吸收了随丝绸之路传播进来的西域文化，今天在日本正仓院的琵琶及和服上仍然能够看到与敦煌壁画相似的宝相花纹样（图17）。

近些年，丝绸之路文化不仅被中国人一直研究和探索，还受到西方时尚界的关注。我前两年到巴黎街头，能看到很多不同的国际时尚品牌使用丝路文化进行创新设计。在印度、乌兹别克斯坦、哈萨克斯坦等国家的传统服饰中，也仍然能看到敦煌文化的影子（图18）。

在古波斯、古罗马、古希腊的工艺品上都能看到与敦煌莫高窟相似的翼马形象。2016年，我在「楚和听香CHUYAN」时装发布会作品"寻迹"里，也使用了翼马的纹样作为贯穿始终的设计因子应用在时装设计当中（图19）。踏行千年的翼马，跨越历史的神骏，不仅让东方禅意美学与异域文化相融相生，更承载了中华文明百川连注、众脉俱开、气吞万汇的不息命脉。

四、丝路古代服饰艺术再现与时尚设计

我想和大家分享一下这些年我在丝路古代服饰艺术再现与时尚设计不断进步的成果，就像版本升级一样，有1.0、2.0、3.0、4.0四个版本。

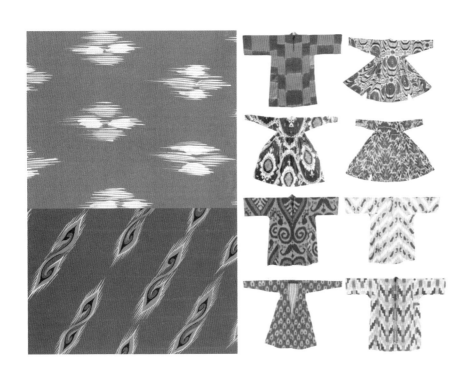

图18 莫高窟壁画服饰纹样与亚五国传统服饰

图19 "翼马"系列服装，设计楚艳

图18 ｜ 图19

（一）1.0版本

我第一次尝试基于二维平面的敦煌壁画，进行丝绸之路上的服饰艺术再现，只能考据历史，揣测服饰应该用什么材料和工艺去表现敦煌纹样。

2018年，刘元风教授带领我们成立了"敦煌服饰文化研究暨创新设计中心"（以下简称"中心"）后，中心进行了更多深入的艺术再现工作。这些敦煌服饰艺术再现作品后来在第三届和第四届丝绸之路（敦煌）国际文化博览会开闭幕式以及央视"国家宝藏"上进行展演（图20、图21）。虽然这都是基于二维平面的艺术再现，但这个过程为我们对敦煌色彩和纹样的再现奠定了基础。

（二）2.0版本

后来，我和西安博物院合作基于三维立体的唐代女性陶俑进行服饰再现。虽然陶俑上的颜色和图案已经不是很清晰了，但我能够看到服饰背面的模样，并且其服装结构和层次还是相对清晰的（图22、图23）。

同时，我也和西安博物院一起合作共建"唐锦研究院"。我从那时开始意识到，服饰艺术再现不能仅是浮于表面的色彩和纹样的临摹再现，而是要深入织物本身进行研究。

（三）3.0版本

我有幸受央视"国家宝藏"节目邀请和新疆博物馆合作再现三尊绢衣彩绘木俑的服饰（图24）。这三尊木俑虽是尺寸非常小的实物，但其服饰形制清晰，服饰面料为初唐纺织品实物。

我和新疆博物馆合作过程中获得了很多信息，我们发现这三尊木俑不仅使用了

图20 | 图21
图22 | 图23
图24

图20　莫高窟盛唐第130窟，都
督夫人礼佛图女供养人像服饰艺
术再现

图21　莫高窟回鹘公主供养像服
饰艺术再现

图22　唐代女陶俑（三尊），西安
博物院藏

图23　唐代女陶俑服饰艺术再现

图24　绢衣彩绘木俑唐代服饰艺
术再现

唐锦、缂丝、绫、绢、四经绞罗五种不同类型的面料，还使用了鱼子缬、红花染、栀子染等天然染色技法。

我深深记得在新疆维吾尔自治区博物馆我第一次手捧着这三尊木俑的感受，那种穿越千年建立起跨越时空的连接让我非常震撼（图25）。并且，我发现在图册上和隔着玻璃罩子观察，与我近距离地用放大镜去观测木俑，获得的信息不一样。

比如联珠对鸟纹织锦（图26），我们做了两次图案的艺术再现。第一次，我仅根据图册以为这个图案是黑色、红色、土黄色的组合。但我真正看到实物的时候，才发现其实这里面包含了五种颜色，我以为的黑色是由非常深的蓝色和绿色组成的。木俑的服饰看起来是素色，但其实没有一块面料是平纹织物，每一块面料都有精美的暗纹提花。唐代织锦的复原非常复杂，因为纱线和织造工艺的不同，所以它和今天的织锦以及缂丝的艺术风格有着巨大的差别。我非常感谢两位苏州丝绸织造技艺大师胡德银和李海龙老师的帮助，在他们的支持下，我们还改造了传统的织机（图27）。

（四）4.0版本

前不久，我和山东博物馆合作"衣冠大成——明代服饰文化展"中的服饰复原（图28），直到这一次对明代服饰的探究，我才开始了对真正的实物进行仿制复原。根据传世的中国古代服饰，我们可以基于整件实物进行考证和研究，除了能直接获取色彩、纹样、工艺等信息外，还可以测量服饰尺寸、研究服饰内部结构、研究织物组织结构。

图25　图26
图27　图28

图25　服饰再现研究过程1

图26　联珠对鸟纹织锦的复原

图27　服饰再现研究过程2

图28　"衣冠大成——明代服饰文化展"中的服饰复原

五、传承与创新

中国素有衣冠王国和礼仪之邦的美誉，传统的服饰艺术也是中国深厚的人文传统的重要组成部分，几千年来悠久的历史，不同的朝代都有自己不同的服装风格，中国还有很多的少数民族，每个少数民族的服饰都独具特色。因此，我从2012年开始做的古代服饰艺术再现只是中国几千年传统服饰研究的冰山一角。常沙娜先生和刘元风教授一直反复叮嘱我们，敦煌作为一个艺术宝库，真的是"取之不尽、用之不竭"。随着研究越来越深入，作为一名中国的设计师，我一直在思考：中国自己的传统服饰，到底该如何传承与创新？如何才能走向世界？

我希望这些古代服饰艺术再现的研究成果能够服务于当下的创新设计。毕竟，我们已经回不到古代，我并不希望当代的中国人穿的和文物上的服饰一样。我们研究古代服饰的目的一定是为了创造适合当下生活方式的新时代中式服装。

2018年，在刘元风教授的带领下，中心与敦煌研究院等机构合作，在第三届丝绸之路（敦煌）国际文化博览会展演了敦煌服饰艺术创新设计的作品。由于篇幅的原因，下面仅展示我个人的一些设计作品（图29、图30）。

敦煌文化已经渗入我的血液里，我在做各种设计的过程中，有时想稍微离敦煌远一点，但一不留神又用到了敦煌元素。基于敦煌给我带来的启发和灵感，下面这些作品是我在个人品牌「楚和听香CHUYAN」中，从服饰的色彩、纹样到穿着方式做的一些探索（图31~图34）。

这两年，我也开始为年轻大众设计了一些用敦煌元素再创造的产品。我们曾用"九色鹿"的主题，做过一系列的原创设计，包括服饰、围巾、包、香囊、小丝带等（图35~图37）。

我还尝试了一些可以称为"新汉服"或"华服"的系列，它其实是使用了一些新技术的改良后的传统服饰（图38）。

图29 ｜ 图30

图29 "丝路寻迹"系列服装1，
设计：楚艳

图30 "丝路寻迹"系列服装2，
设计：楚艳

图31 "楚和听香"系列服装1
设计：楚艳

图32 "楚和听香"系列服装2
设计：楚艳

图33 "楚和听香"系列服装3
设计：楚艳

图34 "楚和听香"系列服装4
设计：楚艳

图31	
图32	
图33	图34

我有幸为敦煌研究院做了一些讲解员制服的设计（图39、图40），其中也运用了很多敦煌的视觉元素。其面料的织造和造型的设计也是希望更贴近于汉唐服饰的风格和韵味。

借由敦煌，我展开了对整个丝路文化的探索，在这些年的时装设计中，除敦煌外，我还受到了丝路沿线各国和各民族的纹样和色彩的启发（图41~图43）。

我更感欣慰的是基于我们这些年对传统服饰的研究，北京服装学院很多同学也受到影响，对敦煌和丝路文化进行了更多的思考和时尚的设计，图44是北京服装学院"服饰传承与创新设计"方向学生们的作品。未来中国要有属于自己又具有国际影响力的民族品牌需要一代又一代的中国设计师的共同努力。服装也是一种文化传承和传播的最好的载体，我们要做的就是努力设计出能够展现真正的中国文化、中国审美的服装，通过我们的设计作品向世界展示中国衣裳之美，让更多人了解中国的文化和审美精神。

我们还参与了一些国家级的重要项目，比如2014年APEC全球领导人的服装设计（图45），我们希望能够展现当代中国"各美其美，美美与共"的新气象、新风范。还有2018年平昌冬奥会闭幕式"北京8分钟"的服装设计（图46），我们想凝练中国色彩的科技美学探索。

我觉得正是因为这么多年来敦煌带给我美学上的积淀和对中国审美深深的体会，让我能够有机会参与到这些国家级展现中国文化的项目当中，也让我有足够的底气和信心去设计。

图39　敦煌研究院讲解员系列服装1，设计：楚艳

图40　敦煌研究院讲解员系列服装2，设计：楚艳

图41 "寻迹"系列服装1，设计：楚艳

图42 "寻迹"系列服装2，设计：楚艳

图43 "开元"系列服装，设计：楚艳

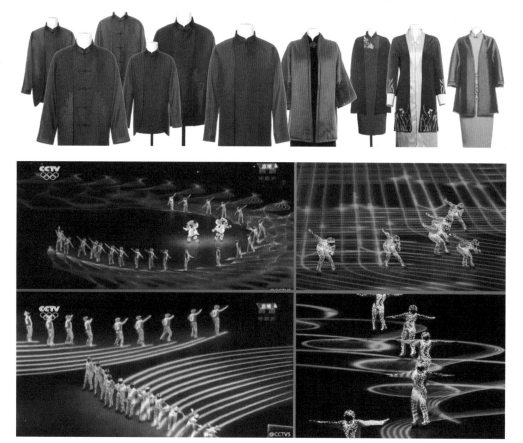

图44　北京服装学院学生作品

图45　2014年APEC会议领导人服装

图46　2018年平昌冬奥会闭幕式"北京8分钟"的服装

图44
图45
图46

今天，我们生活在中华民族文化复兴的时代。我相信每一位从事中国文化创意产业的人，都会去思考中国文化到底该如何去传承，以及如何去创新。我想对文化最好的传承应该就是创新，可如何能够做到创新？我相信如果我们能够满怀温情与敬意回望历史、追根溯源，同时保持一个坚定的信心和勇气去创造，知来处，明去处，就一定能掌握中国的审美精神，呈现中国的文化自信。这样我们才能够有足够的创造力去开拓一个衣冠王国的新时代！

"一带一路"最大的智慧，就是把中国的机遇变成了世界的机遇。相信在不久的将来，通过大家的努力重振我们中国衣冠王国、礼仪之邦的美誉的同时，也将会给"一带一路"所形成的"命运共同体"，为世界文明与时尚注入更多正能量、更多的创意。

下编

刘珂艳 / Liu Keyan

女，汉族，1974年生于湖北武汉，中共党员，博士，教授，硕士生导师。本科毕业于中央工艺美术学院获学士学位，硕士研究生毕业于清华大学美术学院获硕士学位，博士研究生毕业于东华大学获博士学位。法国巴黎国际艺术城学习交流，美国俄亥俄州立大学访问学者。任上海工业美术协会纤维艺术方向副主任，中国工艺美术学会纤维艺术协会理事，中国流行色协会会员，中国敦煌吐鲁番学会会员。

法国吉美博物馆藏
木雕天王彩绘服饰图案分析

刘珂艳

内容提要：法国吉美博物馆藏有四尊木质圆雕彩绘天王立像，为伯希和在中国敦煌地区所收集。中外学者并未对此四件木雕天王的身份、时间和彩绘纹样做详细研究，本文着重对彩绘纹样进行归纳整理做具体分析。

关键词：敦煌；木雕天王；彩绘服饰图案

法国吉美博物馆藏有四尊木质圆雕彩绘天王立像，为伯希和在中国敦煌地区所收集。据劳合·福奇兀考证：1908 年 3 月 8 日，伯希和从王道士手中买得一些画卷，从上寺买得若干雕像，总共花了 80 两白银，14 日又花了少许钱买了 21 件木制品包括四大天王，并且文中认为木制品属于 6～9 世纪，其中大多数是 7～8 世纪早期的，四大天王是用于装饰石室的[1]。关于这四件天王木雕，法国吉美博物馆的 François Deves 曾对其外形进行了详细描述，并通过与周边地区出土雕塑中甲胄造型进行比较，推测其制作时间应在盛唐时期[2]。斯坦因在《发现藏经洞》一书中也有专门章节分析天王与金刚，但主要为绢画、幢幡和纸画，没有提及吉美博物馆所藏的天王像[3]。此外，日本研究学者也曾对此做了较为深入、全面的研究，对敦煌石窟群的历史发展背景、对四天王的信仰、四天王相关的宗教典籍、四天王绘画发展变化、甲胄发展变化以及敦煌石窟天王像的配置情况做了细致分析，其中也对吉美博物馆所藏天王像做了较为详细的比较研究[4]。在中国，虽然也有一些学者如沙武田[5]和李淞[6]等在不同的著作中提及或论及天王造型，但均未涉及吉美所藏木雕，郭俊

---

[1] [法] 劳合·福奇兀著，杨汉璋译：《伯希和在敦煌收集的文物》，《敦煌研究》，1990 年第 4 期。

[2] 吉美博物馆藏敦煌木雕。

[3] 《发现藏经洞》第三章在千佛洞石室发现的绘画中第六节天王与金刚，185-197 页。

[4] 东京国立博物馆纪要，第 27 号。

[5] 沙武田：《敦煌画稿研究》第四章经变画稿（下），主体造像简单的经变类画稿中，第二节毗沙门天王画稿和第三节南方天王画稿，209-241 页。

[6] 李淞：《略论中国早期天王图像及其西方来源》《龙门石窟唐代天王造像考察》，《长安艺术与宗教文明》，北京：中华书局，105-136 页，289-317 页。

叶《敦煌木雕像及木板画》一文中介绍了四尊天王具体数据❶。目前并未对此四件木雕天王的身份、时间和彩绘纹样做详细研究，本文着重对彩绘纹样进行归纳整理，并做具体分析，四尊天王像信息如表1所示。

表1　吉美博物馆藏四尊天王像信息

编号	类别	姿势	尺寸（cm）	时代	备注
MG.15142	天王A1	双腿直立	高81.0、宽32.9、厚27.9	7C–8C初	金彩
MG.15143	天王A2	双腿直立	高79.0、宽34.9、厚27.0	7C–8C初	金彩
MG.17761	天王B1	一腿直立另一腿高抬	高99.0、宽75.0、厚32.2	8C	金彩
MG.17762	天王B1	一腿直立另一腿高抬	高95.0、宽48.2、厚33.5	8C	金彩

一、四天王造型特征

"四大天王"原本是佛教中四位护法天神的合称，俗称"四大金刚"。《法苑珠林》卷五："须弥山半腰犍陀罗山四峰各有一王居住，故名四大天王"。他们分别是东方持国天王、南方增长天王、西方广目天王和北方多闻天王。东方持国天王身为白色，手持琵琶，表明用音乐感化众生皈依佛教。南方增长天王身为青色，手握宝剑，保护佛法不受侵犯。西方广目天王身为红色，手缠一赤龙或蛇。北方多闻天王即民间熟悉的托塔天王，梵名毗沙门，《陀罗尼集经》卷说他"左手持稍挂地，右手擎塔"，明朝以后改为右手持伞左手握神鼠，身为绿色。但就其所着服装而言，四大天王之间基本相似，身穿前胸有两圆形护胸的明光铠，头顶兜鍪，肩覆披膊，身穿身甲，下着腿裙，小腿缚吊腿，与当时武士形象相似❷。

在吉美博物馆所收藏的四尊彩绘木雕天王造像中，编号MG.15142和MG.15143两尊天王双腿直立，另两尊编号MG.17761和MG.17762的天王，造型一腿直立另一腿高抬，前两尊彩绘纹样整体保存相对更好于后者。François Deves在《吉美博物馆藏敦煌木雕》文中认为编号MG.15142和MG.15143天王制作时间为7～8世纪，其中MG15142的身份为多闻天王或广目天王。而后两尊在面部和身体处理用写实和刚劲的表现手法，其制作年代很有可能是在8世纪。

（一）天王MG.15142（图1）

此天王双腿直立，重心稍向右倾斜，身着明光铠，前胸左右两圆形胸护，护胸内绘鱼鳞纹，外绕一圈细小圆点，应是模仿铠甲制作中镶嵌胸护的一圈乳钉。甲绊于胸口紧系腰上一圈拧绳，绳在胸前结倒T形束紧盔甲，绳下部铠甲上绘整齐排列

---

❶《敦煌木雕像及木板画》，《敦煌研究》，2008年第5期。

❷ 杨泓：《从时迁盗甲谈起——漫话中国古代甲胄》，《逝去的风韵》，北京：中华书局，130页。

的三层晕染鱼鳞纹。两肩舌形肩甲彩绘卷草纹，下露虎头披膊，虎瞪目露尖獠牙，下肘着层层相叠的臂甲。天王肚脐部有圆形腹护，在腹护和腹部铠甲正面与侧面及鹘尾边缘都绘有一排小乳钉纹。腹下系石绿色双股绳，着如意形鹘尾。左右两片绘卷草纹膝裙，下是及膝土红色内袍，小腿缚吊腿。从后面看有半圆形项护，胸部和腹部由两圈双股绳系缚甲和鹘尾。甲身绘土红底石青石绿大朵卷草纹，纹样清晰异常华美，鹘尾绘豹纹，膝裙仿一块块皮革绘串联的甲片花纹。背后整片膝裙下露出一圈石绿色褶皱边，褶皱边里飘出土红色内袍，简单的衣纹雕刻表现出丝绸的质感，上绘对叶互生的折枝花，笔法轻松自如，随意点笔而成。

（二）天王 MG.15143（图2）

此件天王双腿平稳直立，左手于胸前握空心拳，右手在胸前伸出，手掌朝上呈托举状，或许手中原托有舍利塔。天王身穿明光铠，甲绊绕颈至脖子下打结，并由胸前垂至腹上系带结成倒T字形缚紧铠甲。两肩着舌形披膊，肩甲下探出虎头，胳膊从虎口伸出，下着臂甲。腹部外突，脐部有圆形腹护。腹下系拧纹带，束紧如意形鹘尾，鹘尾左右露两片膝裙以保护大腿，一圈石绿色褶皱边由膝裙内垂下。内袍正面垂至膝部，背后的内袍已在膝下部位截断，原貌应飘至腿肚。天王小腿缚吊腿，脚部造型小而简略，有一宽带从脚背系到脚心。

此两天王像的正面纹样大面积脱落，仅在腰和鹘尾、膝裙部存有少许纹饰，而背后纹饰清晰，必然是因为塑像多年背靠墙壁之类少光且触摸不到之处，使得背后纹样得以较好保存。

（三）天王MG.17761（图3）

此件天王头戴兜鍪，前额和两鬓上的头盔都有破损的截断面。胸前束紧盔甲的倒T形甲绊明显是宽皮带，由颈部垂至胸下，腰间皮带横向穿过成倒T形。胸口仔细刻画出带扣和皮带头。胸口两圆胸护间刻山形纹，两端由腋下延伸至腰部。两肩

图1 ｜ 图2

图1 天王MG.15142

图2 天王MG.15143

着虎头披膊，虎口露出穿丝质衣袖的手臂，并在肘部用绳扎紧。老虎竖眉瞪目、獠牙。小臂未带臂甲，腕部带一手镯。鼓胀的腹部有桃形腹护，粗拧绳紧束鹊尾，鹊尾上刻一凹陷的圆形。两片膝裙露出石绿色褶皱小边，由里面垂出内袍。丝质感的裤腿在膝盖处用绳扎紧，裤脚露出里面的吊腿。

天王的后脖被耸起的项护遮挡，上面隐约绘有小团花。曲边甲身下缘也绘有椭圆形小团花，膝裙边饰卷草纹。本应向外甩出的内袍齐在石绿膝裙处折断，露出木纹，残留部分显示曾绘有石绿小团花的宽边纹饰。裤腿在膝部扎紧，裤口边装饰有一圈红底，上绘椭圆石绿小团花的边饰，团花边饰两侧还用石绿勾两窄线，吊腿的两侧也装饰有团花纹。

（四）天王 MG.17762（图4）

此件天王头戴尖顶兜鍪，身着明光铠，项护立起。两肩穿虎头披膊，小臂赤裸。脐部刻有腹护，外圈绘有残留团花边饰和石绿底间隔排列的卷云纹。腹部外突，腹下系拧绳，如意形鹊尾上彩绘一小团花，菱角曲边由两侧围向背后。两片膝裙下露出内袍，脚穿吊腿。由背后看去，天王项护已断裂，背后土红底色的甲身及下缘和腰部绘满茶花纹，椭圆形花头石青瓣点红蕊，甲身下整片膝裙上，绘三层间晕的半圆形鱼鳞纹。石绿色褶皱小边下甩出丝绸感的内袍，向后飘扬。内袍边绘石青底、石绿团花花叶纹边饰，两花形相间排列，内部土红底上绘白朵石绿叶折枝花。

从四尊彩绘木雕天王像的造型、面相与身穿的铠甲形制相似形态上推断，MG.17761和MG.17762应为一组天王，而MG.15142、MG.15143应为另一组。根据手势动态推测，MG.15143原是一手托塔，应为北方托塔毗沙门天王（或称北方多闻天王），MG.15142对应为南方增长天王，敦煌莫高窟天王形象的组合中通常是北方天王与南方天王成对出现于门或壁两边。MG.17761手势可能原手持戟或矛之类的兵器，推测为北方天王，MG.17762手势可能原持棒或摩羯杵，推测为南方天王。

图3 图4

图3 天王MG.17761

图4 天王MG.17762

139

二、彩绘木雕天王像的来历

从出土文物和现存遗迹来看，唐代是天王形象的盛行时期，敦煌、龙门和云冈石窟中均有生动的天王形象出现。据统计，莫高窟现存天王塑像最早出现在隋代，唐代天王塑像现存59尊，其他历代总数为23尊❶。敦煌地区在隋唐时期曾经非常流行信仰毗沙门天王，代替了城隍神是敦煌城的保护神。民间流传唐代天宝年间，寇犯安西，托塔天王现身为金甲神人，击退敌军，唐玄宗令各地寺院别置天王堂供奉毗沙门。斯坦因和伯希和拿走的藏经洞唐代写本经书、绢画中就有大量毗沙门天王的形象。毗沙门是古印度佛教中的施福之神，随着佛教的传入，最早将毗沙门天王作为护国神祇的是于阗。《大唐西域记》中记载有毗沙门天王协助于阗建国的传说，于阗作为丝路上的重镇与敦煌交流频繁。敦煌地区信仰毗沙门时间较早，在北魏时期瓜州刺史即出资抄写佛经，祈求毗沙门天王为其镇国护法。敦煌地区常有外族入侵，隋唐时期毗沙门作为战神信仰成为流行，担当起保佑敦煌平安的使命。在莫高窟还建有"天王堂"，文献中还记载有玄宗时期建置的敦煌名寺——龙兴寺，有天王显灵时的具体情况记载❷，因此敦煌对天王形象长时间、广范围的信仰为四天王出自敦煌地区提供了可能。

（一）敦煌莫高窟中的木雕像

这四尊天王像均以整木圆雕覆金彩绘，尺寸高在79.0 ~ 99.0厘米。天王彩绘纹样和用色与敦煌莫高窟相似，但是用材与目前敦煌莫高窟千佛洞保存圆塑雕像——内用木、草搭支架，外用泥塑彩绘的选材不同，此四天王是出自敦煌莫高窟千佛洞，还是东千佛洞或北区佛洞，抑或是石窟周边寺庙甚至敦煌镇上的寺庙，伯希和并未明确说明，但却记载了在伯希和编号的14窟、46窟、64窟、141窟、160窟、163窟等窟内均曾存在木雕像，其情况如表2所示❸：

表2　莫高窟发现木雕一览表

伯希和编号	敦煌研究院编号	年代	记载内容
46窟	112窟	中唐	洞中有四尊非常有意义的木雕
14窟	152窟	晚唐/宋	祭坛中央与佛像之间供一木雕观音像
64窟	220窟	初唐642年 西夏/五代925年	洞子具中等规模，内供一身雕刻精巧木雕
163窟	16窟	晚唐	洞中有一些经重塑的彩塑，也有五身小木雕像

---

❶ 李淞：《龙门石窟唐代天王造像》，《长安艺术与宗教文明》，北京：中华书局，289页。

❷ 杨宝玉：《敦煌文书〈龙兴寺毗沙门天王灵验记〉校考》，《文献季刊》，2000年4月2期。

❸ [法]伯希和著，耿昇译：《伯希和敦煌石窟笔记》，兰州：甘肃人民出版社，2008年。

续表

伯希和编号	敦煌研究院编号	年代	记载内容
141窟	326窟	西夏	洞中有金色木雕像的臂膀、两个石脑袋、一尊半身石像和一身石雕弟子像。祭坛上的雕像均为木料，面庞有一部分是用柴泥重塑
160窟	351窟	五代/西夏	祭坛上一身小雕像似乎是木雕的

从表2中可以看出，伯希和到访莫高窟时所见到的木雕主要都是晚唐及之后的作品。另据郭俊叶说❶，目前还能看到开凿于宋初或西夏时期的第326窟内佛像早期是木雕贴金，清代重妆抹细泥后涂彩，其余洞窟内已经无法见到木质作品了。因此莫高窟塑像并不都是泥塑的，起码在伯希和到达敦煌时窟内还有木质塑像。虽不能完全确定四天王是来自于莫高窟，但从天王的造像和纹样风格应与莫高窟属于一个类型。

（二）与敦煌莫高窟壁画天王造型比较

从莫高窟壁画上的天王形象来看，北方天王出现最多（表3）。北方天王除手托塔为明显身份标志外，其他手持器物没有定式。晚唐时期壁画天王常用卷草纹饰，隋代和五代时期壁画天王身绘鳞片甲纹，卷草或花卉纹饰较少出现（图5、图6）。斯坦因也说："铠甲下摆上的鳞片几乎总是矩形的，而身上的鳞片则多是圆形的，鳞片的这种排列方式也出现在一个著名的犍陀罗浮雕中魔王手下两名士兵身上"❷。表明这种作战功能的铠甲传播地域之广。

表3 莫高窟壁画天王形象特征（据敦煌研究院5卷本归纳）

洞窟	时代	天王	手持物	着装
285	西魏	四天王	戟、矛等兵器	胸前如翅膀金甲战裙，披长巾
313	隋	门北天王	右手持戟，左手托莲花火焰宝珠	戎装无装饰
380	隋末唐初	门北天王	左手托塔，右手高抬至肩未持物	明光甲，绘横条仿甲纹
380	隋末唐初	门南天王	右手持矛，左手叉腰	明光甲，绘横条仿甲纹
154	中唐	北天王	怒目，一手托塔，一手持红缨戟，佩剑，悬吐蕃弯刀	吐蕃长身甲，绘仿甲片纹
12	晚唐	北天王	怒目，左手托塔，右手持兵仗	明光甲，团花
18	晚唐	南天王	瞪眼，两手抬于胸前，一手握拳，一手开掌，掌心朝观者，元代重修	明光甲，卷草纹和团花纹等
100	五代	东方天王	怒目长须，一手握棒状物，一手撑开五指，掌心向外	仿甲纹
100	五代	北方天王	瞪目两撇翘胡，双手托塔	菱形小块仿甲纹
146	五代	北方天王	跪于地，双手托塔	小团花
98	五代	东方天王	瞪目长须，手持长矟	仿甲纹

❶ 郭俊叶：《敦煌木雕像及木板画》，《敦煌研究》，2008年第5期。

❷ 斯坦因：《发现藏经洞》，第三章在千佛洞石室发现的绘画中第六节天王与金刚，190页。

图5 莫高窟中唐第154窟南壁▢侧，天王、瑞像

图6 莫高窟晚唐第12窟前室▢壁北侧，天王（图片源自敦煌研究院5卷本）

图5 ▏ 图6

（三）与莫高窟出土绢画上的天王形象比较（图7）

斯坦因曾对莫高窟出土绢画幡上的天王形象进行了比较研究，虽然他没有将绢画进行年代划分，但他认为绢画中的天王更多具有西亚风格。从图像的比较出发，绢画上的天王明光铠仅用大面积的鳞片块表现漆、皮或金属块连接的结构，而壁画中的天王身绘华美涌动的卷草纹，这或许正反映出石窟中的天王所穿铠甲更多体现神性的礼仪功能，而绢画中的铠甲体现的是作战功能。斯坦因还提到："有一个专门记有四大天王的汉文写卷……中天王旁的题识与一些绢画中的题识完全吻合。"并说天王中地位最高的北方毗沙门天王（也是财富之神）总是持戟，东方持国天王持弓或箭，南方增长天王持棒，西方广目天王持出鞘的宝剑。绢画中最常见的是北方毗沙门天王，此外是持剑的西方广目天王，持棒的南方增长天王出现最少，似乎不受当地信徒喜爱❶。这一点不同于敦煌壁画和彩塑中最常见的是门两边一组北方毗沙门天王和南方增长天王。绢画天王表现风格接近莫高窟壁画表现手法，不同于吉美四天王造像风格。

三、彩绘木雕天王像的制作年代

就四尊天王像的分期研究而言，主要依据的是天王所着的明光甲。著名军戎服

❶《发现藏经洞》第三章在千佛洞石室发现的绘画中第六节天王与金刚，185–197页。

7　莫高窟出土绢画上的天
像

饰史家杨泓将唐代的明光甲按年代先后分为五种形式❶，其中四种类型出现在唐代早期到盛唐。第一型明光甲接近隋代，第二型甲身前部分分为左右两片，每片中心做一个小圆护，背部连成一整片，胸背甲在两肩上用带前后扣连，甲带由颈下纵束至胸前再向左右分束到背后，然后再束到腹部。第三型胸甲从中分为左右两部分，上有凸起的圆形花饰，在上缘用带向后与背甲扣连。自颈下纵束甲带到胸甲处经一圆环与横带相交，腰带上半露出护脐的圆护；第四型胸甲中分为左右两部分，上面各有一圆护❷。

　　另一件更为重要的出土实物是吐鲁番阿斯塔那墓地206号张雄夫妇合葬墓发现

❶ 杨泓：《中国古代的甲胄》，《中国古代兵器论丛》北京：中国社会科学出版社，2007：78-79 页。

❷ 杨泓：《中国古代的甲胄》，《中国古代兵器论丛》北京：中国社会科学出版社，2007：68-85 页。

的彩绘天王踏鬼木俑（图8），是目前仅存的一件唐代墓葬木质俑。张雄夫妇分别下葬于633年（高昌延寿十年）和688年，属于初唐时期，因此可以作为唐初天王像的标准器❶。此俑高86厘米，头戴兜鍪，盔顶竖有长缨，左右护耳如翅膀向上翻卷，怒目而视，张嘴露獠牙，右手高举，左手抬臂掌心向下，右脚高抬踩在小鬼身上，左脚直立。身穿明光铠，颈部有立起的项护，肩着龙头披膊，下有臂甲。胸前用甲绊束紧甲身，着腹护和鹘尾，两片膝裙，内有长袍在身后飘扬。其造型在杨泓的分类中属于第四类明光铠。但此俑的色彩不属于敦煌彩绘色系，也不同于吉美博物馆藏四天王彩绘色彩。

如将张雄墓出土的天王墓俑作为标准器，并结合杨泓对唐代光明铠的分类，吉美所藏的MG.15142、MG.15143天王像时间要早于张雄夫妇墓天王俑，时间与第三型668年李爽墓俑时间相近。而MG.17761和MG.17762天王像的时间要晚于张雄夫妇墓俑，时间与第四型703年元氏墓俑时间相近。

将四尊天王像结合敦煌莫高窟天王造像的情况进行比较。MG.15142、MG.15143的天王像双腿直立、动态生硬，其大头造型都表现出敦煌隋代造像的特征。但莫高窟所见隋代天王不穿明光甲，而明光甲到唐代开始才作为第一甲胄装备。如第427窟天王像头戴宝冠，身穿甲胄没有虎头披膊、腹护、鹘尾、膝裙、吊腿等，不是明光甲，只有一位天王穿有两圆形胸护的铠甲。因此，MG.15142、MG.15143天王像应该不早于隋代，但也不会晚到盛唐，应是隋末唐初时期的作品。

到了盛唐，敦煌造像流行S形扭曲体态❷，如著名的莫高窟盛唐第45窟两身菩萨和天王体态都是胯部外突成S形。而MG.17761和MG.17762两尊天王像所采用的

图8 张雄墓出土的天王墓俑

---

❶ 金维诺，李遇春：《张雄夫妇墓俑与初唐傀儡戏》，《文物》，1976年12期。

❷ 段文杰：《唐代前期的莫高窟艺术》，《敦煌石窟艺术研究》，兰州：甘肃人民出版社，2017:57。

都是S形扭曲体态，其年代应晚于MG.15142、MG.15143两尊天王像，很可能是在盛唐时期。但是，到吐蕃统治时期，敦煌彩塑菩萨造像的体态摆脱了S形，天王形象也不再突现张扬，注重体现稳重。如中唐第159窟天王面部较白，盔甲没有虎头披膊，身体动态幅度较小，也不呈S形，重心挪至一脚。再如中唐第205窟北侧天王双手按剑，重心落于一脚，如稍息状，内穿甲，外披虎皮。因此，MG.17761和MG.17762两尊天王像的年代不会晚到中唐。

四、彩绘木雕天王像上的服饰图案

《唐六典》中记载还有大量比例的以绢布类纺织品命名的铠甲，如白布甲、绢布甲、布背甲等，主要作为礼仪中使用。MG.15142、MG.15143、MG.17761和MG.17762尊天王造像铠甲上绘有精美的卷草纹、宝相花等，很可能就是为表现华美的以丝织品为材料制成的绢甲，或者就是比绢甲更为华美的锦甲或是绣甲，上面的图案与唐代出土织物纹样相似，反映了唐代织绣艺术的一个侧面。我们对其进行了图案复原（图9），并将所有纹样整理成表（表4～表11）。

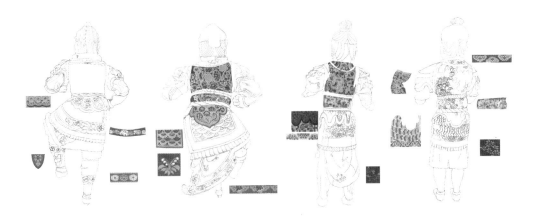

图9　天王像铠甲图案复原

表4　项护上的织绣纹样

天王	纹样名称	纹样色彩	纹样整理	纹样组织骨骼	类似织物实物
MG.15142	半团花				丝织
MG.15143	如意卷草、长条纹				丝织
MG.17761	脱落				
MG.17762	脱落				

表5　后腰上的织绣纹样

天王	纹样名称	纹样色彩	纹样整理	纹样组织骨骼	织物工艺
MG.15142	卷草纹	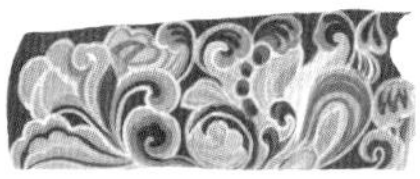		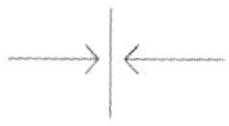 → ←	刺绣
MG.15143	卷草纹		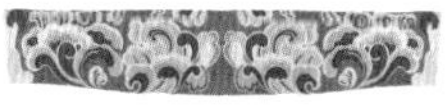	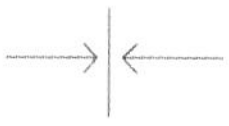 → ←	刺绣
MG.17761	脱落				
MG.17762	卷草纹		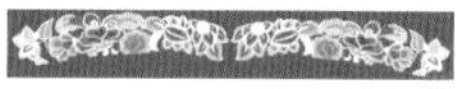	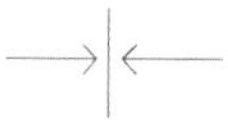 → ←	刺绣

表6　甲身背后上的织绣纹样

天王	纹样名称	纹样色彩	纹样整理	纹样组织骨骼	织物工艺
MG.15142	卷草纹穿枝纹			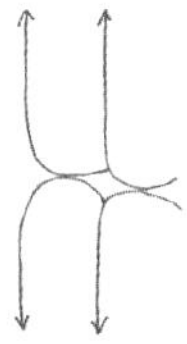	刺绣
MG.15143	卷草纹			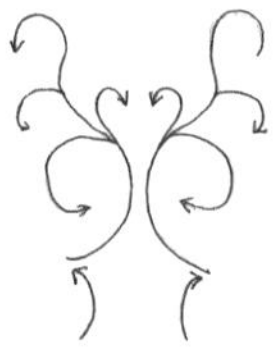	刺绣
MG.17761	脱落				
MG.17762	茶花花叶纹	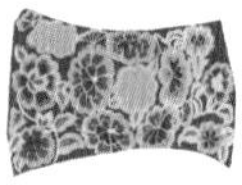		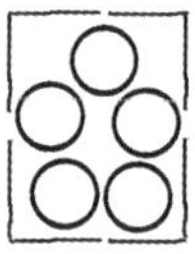	刺绣

表7　鹘尾上的织绣纹样

天王	纹样名称	纹样色彩	纹样整理	纹样组织骨骼	织物工艺
MG.15142	脱落				
MG.15143	豹纹	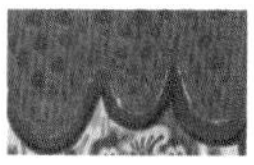		自然纹理	毛皮
MG.17761	茶花、叶、		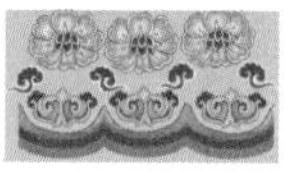	 ↑↑↑↑	刺绣

续表

天王	纹样名称	纹样色彩	纹样整理	纹样组织骨骼	织物工艺
MG.17762	茶花花头、线形卷草纹			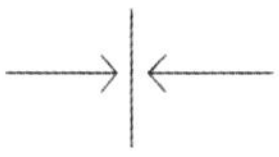 →｜←	刺绣

表8　膝裙背后上的织绣纹样

天王	纹样名称	纹样色彩	纹样整理	纹样组织骨骼	织物工艺
MG.15142	脱落				
MG.15143		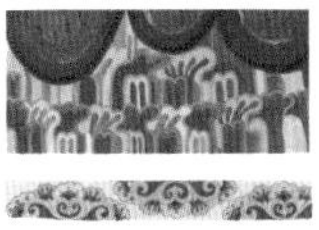	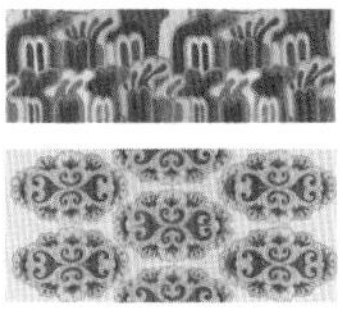	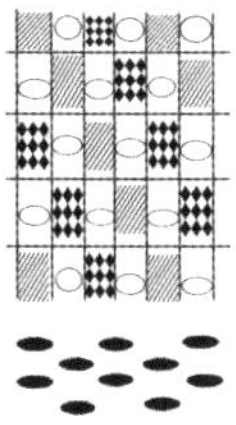	丝织或刺绣皮甲连缀
MG.17761				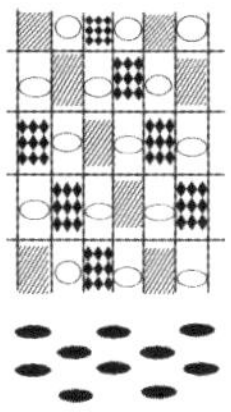	皮甲连缀丝织
MG.17762				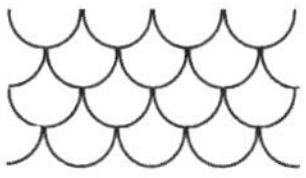	皮甲连缀

表9　内袍下缘上的织绣纹样

天王	纹样名称	纹样色彩	纹样整理	纹样组织骨骼	织物工艺
MG.15142	单枝花			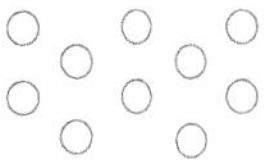	丝织
MG.15143	脱落				
MG.17761	残存小团花大边饰				
MG.17762	半宝相花、叶形纹、单枝花			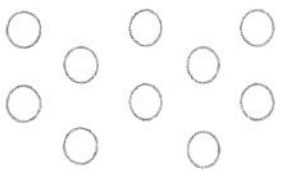	丝织刺绣

表10 吊腿上的织绣纹样

天王	纹样名称	纹样色彩	纹样整理	纹样组织骨骼	织物工艺
MG.15142	脱落				
MG.15143	脱落				
MG.17761	小团花边饰、独朵团花				丝织 刺绣
MG.17762	脱落				

表11 腹护上的织绣纹样

天王	纹样名称	纹样色彩	纹样整理	纹样组织骨骼	织物工艺
MG.15142	脱落				
MG.15143	脱落				
MG.17761	脱落				
MG.17762					刺绣

五、小结

吉美博物馆所藏彩绘木雕四天王像从造像和纹样风格应与敦煌莫高窟属于一个类别。研究表明敦煌莫高窟石窟内原也有少量木雕作品，但莫高窟周边寺庙也应该保存大量彩绘木雕作品。由于当时存在王道士将作品搬挪收集的情况，因此，伯希和从王道士手中购买所得的这四尊天王造像无法确定是否来自莫高窟之中，但应该可以确认是来自敦煌地区莫高窟附近。

MG.15142为南方增长天王、MG.15143为北方托塔毗沙门天王，这组天王应是隋末唐初时期的作品，早不过隋代，晚不到盛唐。而MG.17761为北方天王、MG.17762为南方天王，这组天王的制作年代应在盛唐时期。

四天王所穿铠甲上的彩绘服饰图案与唐代出土织物纹样、敦煌莫高窟所见服饰纹样相一致，可以认为是当时织锦和刺绣纹样在天王像服饰上的反映，是研究唐代丝绸艺术的重要资料。

参考文献

[1] 劳合·福奇兀. 伯希和在敦煌收集的文物 [J]. 杨汉璋，译. 杨爱程，译审. 敦煌研究，1990，4.

[2] 郭俊叶. 敦煌木雕像及木板画 [J]. 敦煌研究，2008，5.

[3] 公维章. 唐宋间敦煌的城隍与毗沙门天王 [J]. 宗教学研究，2005，2.

[4] 伯希和. 伯希和敦煌石窟笔记 [M]. 耿昇，译. 兰州：甘肃人民出版社，2007.

[5] 李淞. 长安艺术与宗教文明 [M]. 北京：中华书局，2002.

[6] 敦煌文物研究所. 敦煌莫高窟（1~5）[M]. 北京：文物出版社，1999.

[7] 赵华. 吐鲁番古墓葬出土艺术品 [M]. 乌鲁木齐：新疆美术摄影出版社，1994.

[8] 杨泓. 逝去的风韵 [M]. 北京：中华书局，2007.

[9] 杨泓. 中国古兵器论丛 [M]. 北京：中国社会科学出版社，2007.

[10] 奥雷尔·斯坦因. 发现藏经洞 [M]. 姜波，秦立彦，译. 桂林：广西师范大学出版社，2000.

[11] 杨宝玉. 敦煌文书〈龙兴寺毗沙门天王灵验记〉校考 [J]. 文献季刊，2000，4（2）.

[12] 松浦宥一郎，等. 东京国立博物馆纪要　第二十七号 [M]. 东京：东京国立博物馆，1992.

董昳云 / Dong Yiyun

女，清华大学美术学院染织与服装设计系博士研究生，主要从事传统服饰文化、敦煌壁画服饰、时尚管理等方面的研究。硕士就读于英国威斯敏斯特大学（University of Westminster），学习时尚商业管理专业，于清华大学美术学院染织与服装设计系获得学士学位。曾有一学年大学外聘教师任教经历，教授课程:《服装效果图绘制》《国际时尚（时尚管理）》。作品曾参与亚洲纤维艺术展、国际青年工艺美术作品展"新技艺·炼"、北京青年美术双年展等展览。

敦煌石窟第146、196、9窟外道女服饰新探
——腰裙

董昳云

内容摘要：通过图像研究、壁画类比、服饰考证等方法对敦煌莫高窟第146、196、9窟外道女服饰进行了重新辨识，指出外道女所着下装除"缚裤"外，还有一种"腰裙"形制。将舞伎、观音、天女、飞天等着腰裙的形象，作为外道女所着腰裙的佐证，发现"腰裙"在佛教壁画中属于适用范围较广的一种服装表达语言。并就"腰裙"的西方由来进行了推测，此服饰随着丝绸之路及文化融合逐步向东演进，成为说明中西方文化交流的物证之一，对汉地壁画造像的发展演变产生重要影响。

关键字：外道女；腰裙；敦煌壁画；中西文化交流

一、劳度叉斗圣变画中的外道女形象

在佛教中，"外道"被认为是除了佛教之外的派别或学说。佛教艺术使用外道形象来完整地表现传法过程，进而加强佛教的宣传，它们经常出现在佛传因缘或经变画故事中。早期佛教艺术的女性外道形象由于受到印度、西域等地的影响，其形象表现为西域青年美女和老年婆罗门，唐代开始表现为身着中原服饰或胡服的女子形象❶。总体来说，"汉化"是外道女性服饰随各朝代演进的一大转变趋势。

《劳度叉斗圣变》是敦煌壁画中常见的经变题材，讲述的是在古印度天竺舍卫国展开的六师外道与佛陀斗法的宏大场面，佛陀指派的舍利弗和六师外道的劳度叉分别位居画面的东西两侧，劳度叉设帷帐，施法变出宝山、水牛、七宝池水，百丈毒蛇、黄头鬼，参天大树，但依次被舍利弗打败，六师外道溃败纷纷降服于佛陀，舍卫国也因此皈依佛门。

本文选取敦煌莫高窟五代第146窟（图1）、晚唐第196窟（图2）位于劳度叉帷帐右下方的四人组外道女以及晚唐第9窟（图3）位于国王宝座下方，画面保存

---

❶ 宋若谷、沙武田. 敦煌壁画中女性外道表现手法发覆 [J]. 敦煌研究，2020(1)：60–69.

图3 晚唐，莫高窟第9窟南壁
舍利弗一侧

完整且清晰的二人组外道女作为研究对象。晚唐和五代时期的劳度叉斗圣变画较之前的朝代，在内容和表现形式上更为丰富。这三幅经变画因为时间相隔较近，在内容和故事叙述的形式上大体相似。《劳度叉斗圣变》经变画中的外道女辅助劳度叉斗法，第146窟壁画榜题写道："外道美女数十人拟惑舍利弗，遥知令诸美女被风吹急，羞耻掩面……"外道女利用华服和美貌诱惑舍利弗，反被舍利弗刮起的大风吹散妖艳的外表，壁画中四人组的外道女正是在表现大风袭来时惊慌失措（第196窟）、以袖遮面（第146窟）的情景。晚唐五代时期的外道女形象与早期印度、西域以突出的女性身体特征来诱惑舍利弗的创作手法不同，基本上是以中原女子的形象和华丽的服装来表现故事情节。

二、外道女服饰形制以及劳度叉斗圣变中出现的类似服饰形制探析

　　笔者对第146窟，第196窟和第9窟外道女所穿的下装进行了描绘，以呈现更为清晰的着装形制（图4）。从图片中可以看到五代第146窟和晚唐第196窟四人组外道女从服饰色彩和服装形制上更为接近。第146窟外道女上穿团花长窄袖服装，下装的形制十分特别，四位外道女腰间都系白色腰襻❶，臀部至膝盖上侧包裹着类似腰裙的服装，中间两位呈站立姿势，穿着腰裙的形象明显，腰裙拼接深色团花布料，下摆部花瓣或鳞片状的装饰随着外道女不同的姿势呈现波浪效果。从她们腰裙

---

❶ 敦煌文献中"腰带"指代均为束在腰间的皮革带。"腰襻"即"衣襻"，指用以束腰的带子，根据图片分析，本文所指的腰间的带状织物装饰应为"腰襻"。——《敦煌文献服饰词研究》

以下的布料纹理走向来看，纹理中有清晰的轮廓线表示裤腿且裤脚为收口状，在裤腿之后，似乎有一层与裤腿一致的布料覆盖着后片的裤腿。

第146窟左一和右一外道女左腿向前迈开，在大腿中间出现明显竖向褶痕，这与第196窟最右侧外道女大腿处竖向的褶痕类似，另外结合此位置横向的条纹纹理分布，推测下装为：第一，可能是为表现大风刮来衣服紧贴大腿的艺术效果，那么她们穿着和中间两身外道女下装一致，即腰裙加裤；第二，这几身外道女臀部至膝盖上侧出现的褶痕是裤子的轮廓线，那么她们穿着的是类似缚裤的下装。

第196窟臀部装饰稍有不同，臀部系正面绿色背面白色的饰带（腰襷），下摆装饰和第146窟相同，左三的外道女穿着裤子的形制十分明显。晚唐第9窟的二人组外道女臀部至膝盖部分的着装呈现腰裙的形制，头梳回鹘发髻，下着菱形花纹腰

五代，
莫高窟第146窟，
四人组

晚唐，
莫高窟第196窟西壁，
四人组

晚唐，
莫高窟第9窟南壁，
二人组

图4　外道女服饰与白描自绘

裙和团花纹彩裤，腰部系有帔巾❶。除此之外，腰裙的下摆呈波浪形。在腰裙之下着团花纹透明喇叭状宽口裤，由于右侧外道女的双腿是深色，团花图案并没有在罩于外侧的裤腿显现，因此推测她是穿深色团花较紧身的裤子，外套一层透明的喇叭状宽口裤。

在《劳度叉斗圣变》的壁画中，绘画者为了区分外道和佛法中人，在形象和动作设计上有明显的区分，其中服装的区别也十分明显。第196窟一组二人外道女，从现存壁画图片和学者们1955年白描临摹的着装形制来看（图5），下身着腰裙，在腰部和大腿中部系有腰襻，底摆呈波浪状，在腰裙之下左侧外道女着喇叭状宽腿裤，右侧的白描临摹图虽然没有画全，但形制应和左侧类似，这两身外道女服饰和晚唐第9窟二人组外道女服饰十分接近。

劳度叉斗圣变中男性外道多穿裤，从牵绳打椿的外道和经坛被烧毁旁惊慌失措的男性外道，可以清晰看出他们所穿的下装为裤的形制，臀的位置系着一条较宽的绿色腰襻，基本包裹住了臀部。腰襻之下，两个裤管从裆部分开，大腿上有类似"缚"的花瓣装饰，裤口端为喇叭状。另外，在第146窟壁画中，有一个被火烧，跪地求饶的外道女形象，从她跪地时，左右大腿处条纹和花瓣状装饰交错的处理方式可以看出，这位外道女所穿下装也为裤（图5）。

唐朝时期，思想开放，接纳来自西域的胡服文化，一改汉式中原宽衣大袖、长儒大袍的穿衣习惯，崇尚短衣长裤配靴的胡服，其中对于妇女穿男装，元稹有这样的描述："女为胡妇学胡妆，伎进胡音务胡乐"❷。盛唐妇女学男子穿裤的习惯，有可能反映到敦煌壁画之中，因此外道女子和男子穿形制类似的缚裤在唐代是可以理解的。

综上所述，外道女下装服饰由现有的图片和研究资料来看应为两类：第一，腰（臀）部系带，搭配带装饰的缚裤；第二，腰（臀）部系带，搭配腰裙，腰裙之下着裤或裙。其中腰裙由宽腰襻和长度位于膝盖之上的半裙组成。宽腰襻于腹部中心系结，有时包裹整个臀部，通过多种多样的缠绕和打结方式形成丰富褶皱。宽腰襻的颜色以正面绿色反面白色为主（双色面料），搭配的半裙颜色和图案多样。

三、学界关于外道女形象和腰裙形制的研究

目前学术界鲜有对于外道女服饰的研究，通常包含在外道题材经变画的研究之中。包铭新、沈雁在2004年石窟研究国际学术会论文集上发表了一篇《莫高窟第146窟壁画劳度叉斗圣变中外道信女服饰辨》的论文，对于第146窟四人组外道女

❶ 敦煌研究院编著.敦煌石窟艺术全集服饰画卷[M].上海:同济大学出版社,2016(1).

❷ 元稹:《和李校书新题乐府十二首·法曲》。

晚唐，
莫高窟第196窟，
二人组外道女

五代，
莫高窟第146窟西壁，
劳度叉斗圣变之外道
部分，外道牵绳打橛
局部

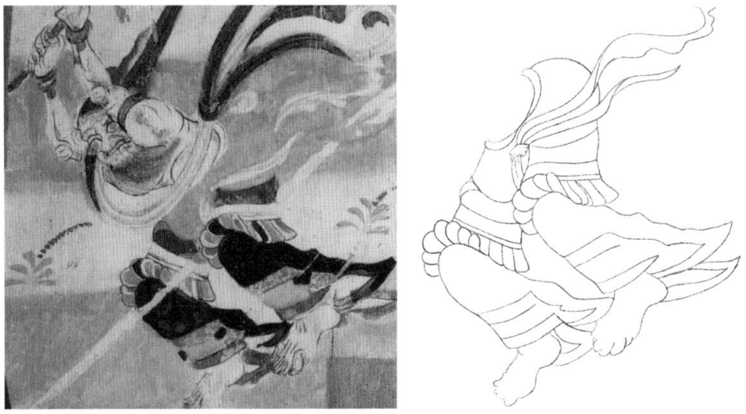

五代，
莫高窟第
146西壁，
火烧外道

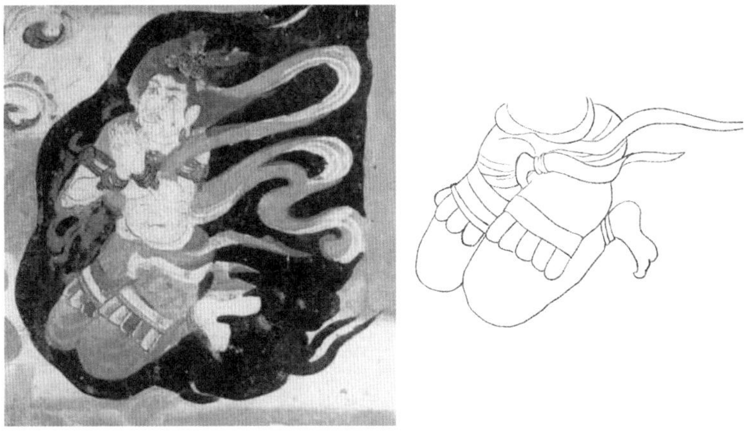

晚唐，
莫高窟第196窟，
外道经坛被烧毁

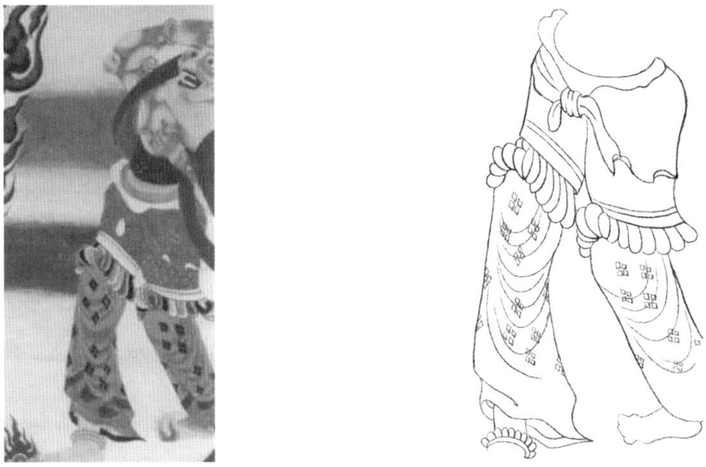

图5　其他外道服饰与白描自绘

的服饰进行了辨析。他们不认同《中国石窟·敦煌莫高窟》中"外道女，束彩裙"的服饰图版说明。包铭新、沈雁根据壁画所呈现的服饰形制认为146窟外道女所穿的不是裙，而是缚裤。这个与笔者推测的一个观点相同。他们认为四位外道女的裤子在膝盖部位加缚，而这个缚不同于一般的细绳子，是有繁复装饰的宽带子，带子下摆呈现流苏花边。

关于腰裙形制和定义，《中国古代服饰辞典》解释为"围在腰际间的短裙"[1]。阮立学者在对敦煌飞天服饰的研究部分将腰裙定义为"裹于腰间基本长度到脚踝的裙子，里外双色面料"，对舞伎服饰研究部分将腰裙定义为"围系于胯部的宽巾带，于服前正中系结……以绿色为主。"[2]也有这样描述：飞天腰腹部包裹"一件或两件腰裙……裹两件时下一层多及膝部。"[3]两层叠加的腰裙亦被称为"双层腰裙"[4]，从以上学者对腰裙形制和定义可以看出，腰裙被更普遍的认为是包裹在腰胯部位的宽腰襻，本文所研究的"腰裙"在此基础上多增加一层半裙，等同于后两位学者所描述的"两件腰裙"（"双层腰裙"）。

晚唐五代妇女日常的主要服饰为襦裙，诸如能够反应当时妇女形象的《捣练图》《宫乐图》等，并没有出现如壁画所呈现的腰裙加裤的形制。外道女的服饰以及其余壁画服饰的描绘应不是绘画者凭空捏造，而是借鉴了当时世俗妇女的服饰、异域服饰或外来的粉本画稿，经过绘画者的艺术加工所呈现。寻找其服饰蕴含的多方文化因素，可窥探壁画造像类服饰文化的流传路径。

四、唐五代时期壁画中类似服饰的佐证

（一）西域乐舞服饰

在描写佛国世界的乐舞场景中，莫高窟初唐第220窟北壁左侧双人舞伎，莫高窟盛唐第217窟北壁双人舞伎右一，莫高窟盛唐第205窟北壁双人舞伎，莫高窟中唐第112窟北壁十指交叉的舞伎，莫高窟晚唐第85窟北壁和南壁的独舞舞伎、莫高窟晚唐第156窟北壁双人舞伎右一和南壁反弹琵琶舞伎，她们下装穿着清晰且明确的腰裙配裤或裙的形制。

唐朝舞蹈艺术形式多样，在中国古代舞蹈史中占据重要的历史地位。王宫贵族设有专门的宫廷舞伎和乐伎表演部门供宴请宾客时欣赏娱乐，平常百姓也以舞为乐，民间有大批歌舞技艺非凡的人为民间节日、祭祀表演舞蹈节目。唐朝的舞蹈，

---

[1] 张晨阳,张珂.中国古代服饰辞典[M].北京:中华书局,2015.

[2] 阮立.唐敦煌壁画女性形象研究[D].上海:上海大学,2011.

[3] 马文娟.敦煌隋唐壁画中飞天服饰的研究[D].上海:东华大学,2007.

[4] 侯霄爽.敦煌壁画中飞天造型与服饰艺术研究[D].西安:西安工程大学,2013.

以中原传统的舞蹈为基础，广泛吸收了少数民族和邻国的舞蹈文化，其中特别是来自西域的舞蹈。根据从隋朝《九部乐》发展而来的唐朝宫廷宴乐——《十部乐》记载，除了两部来自中原，其余八部宴乐都与少数民族或周边邻国有关，如《西凉乐》《高丽乐》《龟兹乐》《天竺乐》《安国乐》《康国乐》《疏勒乐》《高昌乐》。这些外来的乐舞在隋和唐朝时期被广泛接纳和发展，并且作为宫廷乐舞的一部分在重要的场合演绎。这种重视外来乐舞的文化现象在隋唐之前和之后很少发生。

唐朝乐舞空前的繁荣也通过绘画者的艺术手法反应在当时宣传佛法的壁画当中。唐代开始出现大面积的经变题材的绘画，从这些描述佛国歌舞升平的场景中，可以窥探出世俗乐舞的风貌。虽然，唐代有大量刻画真实的舞伎造型，但绘画者所画的歌舞场景是通过对佛国世界的艺术想象而创造的。因此，壁画中舞伎的服饰并不能完全参照唐朝世俗歌舞表演者的服饰。

身着华服的舞伎手中挥舞着巾带，往往位于表演区的中心，周围围坐着演奏各种乐器的乐伎，乐伎除了演奏中原传统的乐器外，也有笙篥、琵琶、筚篌等西域传来的乐器。壁画通过宏大的歌舞场面、各式各样的舞姿造型，表现佛国祥和盛大的极乐世界。此类挥舞巾带的舞蹈统称为"巾舞"，莫高窟盛唐第217窟北壁位于莲花台之上二人舞伎，可能是在演绎《屈柘枝》❶。从图片和笔者自绘线描稿可以看出（图6），舞伎臀部包裹白绿色相间的宽腰襻并在中心位置系结，在包裹臀部的宽带之下有深色类似腰裙形制的下装。莫高窟中唐第112窟北壁十指交错的舞伎，形似"旋转后的一个停顿造型"❷，旋转的舞蹈形式在唐朝非常常见，其中以莫高窟初唐第220窟北壁东方药师经变的舞伎最为出名，诸多学者认为这种旋转的舞蹈是来自西域康国的胡旋舞❸。第112窟这位十指交错的舞伎臀部同样包裹白绿色相间的腰襻并在中心位置系结，搭配绿色腰裙底摆有一圈红色带状条纹和白色花瓣状装饰，这和前文外道女身上的花瓣状装饰相似。在腰裙之下着裤口收紧的裤。莫高窟晚唐第85窟南壁，在蓝底团花纹的地毯上舞伎体态呈现"S"形，其身着腰裙的形象表现十分清晰与第112窟腰裙形制一致，裙摆花瓣状的装饰为蓝色。莫高窟晚唐第156窟南壁和北壁各有一对双人舞伎挥舞巾带，这两组右侧的舞伎都是以侧面绘制，为观者提供了从侧面观察腰裙形制的角度（图6）。

前文所提的"屈柘枝"——由健舞"柘枝舞"演变成软舞"屈柘枝"❹，和"胡旋舞"，被归属于龟兹乐舞❺，虽这些舞蹈并不源自龟兹，但在进入中原前在龟兹广

❶ 敦煌研究院编著. 敦煌石窟艺术全集舞蹈画卷 [M]. 上海:同济大学出版社,2016(1).

❷ 敦煌研究院编著. 敦煌石窟艺术全集舞蹈画卷 [M]. 上海:同济大学出版社,2016(1).

❸ 翟清华. 汉唐时期粟特乐舞与西域及中原乐舞交流研究——以龟兹、敦煌石窟壁画及聚落墓葬文物为例(中) [J]. 新疆艺术(汉文),2019(6):4-11.

❹ 何昌林. 唐代舞曲《屈柘枝》——敦煌曲谱《长沙女引》考辨 [J]. 敦煌学辑刊,1985(1):74-81.

❺ 霍旭初. 龟兹艺术研究 [M]. 乌鲁木齐:新疆人民出版社,1994(7).

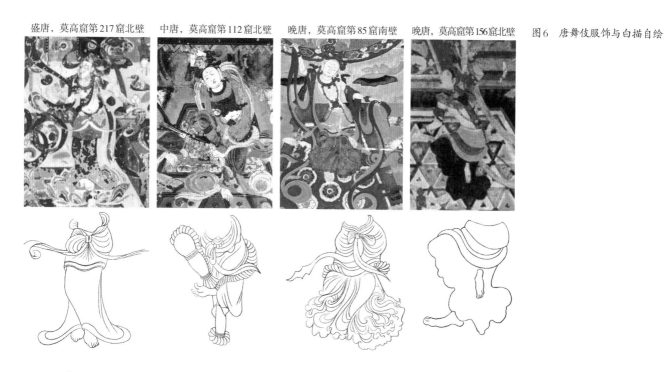

盛唐，莫高窟第 217 窟北壁　　中唐，莫高窟第 112 窟北壁　　晚唐，莫高窟第 85 窟南壁　　晚唐，莫高窟第 156 窟北壁　　图 6　唐舞伎服饰与白描自绘

为流行❶。龟兹属于中国古代西域大国之一，以新疆库车为中心，是丝绸之路中新疆段的重地，汇聚了来自印度、波斯、伊斯兰和中原等地的文化。在《大唐西域记》中记载龟兹"管弦伎乐，特善诸国"，其中来自康国的粟特人在龟兹聚居，他们向宫廷进贡胡旋女，胡旋舞在中原因此流行开来。《旧唐书·卷二十九·志第九》对胡旋舞者有服饰的记载："康国乐，工人皂丝布头巾，绯丝布袍，锦领。舞二人，绯袄，锦领袖，绿绫浑裆裤，赤皮靴，白哑鞡。舞急转如风，俗谓之胡旋。"❷这段对胡旋舞者穿着的描述与敦煌壁画所描绘的赤足、围系巾帔的形象不符，考虑到敦煌壁画描绘的乐舞带有佛教意义，存在和现实胡旋舞服相悖的可能性。其中"绿绫浑裆裤"，提到了绿色的绫和裆裤，与前文外道女和舞伎的下装中系于臀部的绿色腰襻颜色和裤相符，二者间也许有一定的相关性，但由于资料不够详尽，不能妄下论断。

　　唐朝著名画家尉迟乙僧曾描绘过一组《（龟兹）舞女图》（图 7），尉迟乙僧来自于阗，他的画风擅长运用凹凸晕染的技法，绘画风格融合中原和西域的特色。尉迟乙僧所绘舞伎基本符合胡旋舞的特征：第一，舞者挥舞长巾；第二，舞者呈现飞速旋转的姿态；第三，舞者脚踏于舞筵之上❸。推测同组的右一的舞伎正在演绎龟兹乐舞中的其他舞蹈。从临摹本可以观察到舞伎下装着腰裙，底摆有装饰，右一腰裙底摆出现了与第 146 窟外道女类似的花瓣状装饰，上装着长窄袖交领带云肩的褶服，衣长至大腿中部，整体形似"袴褶"。尉迟乙僧描绘的《（龟兹）舞女图》并

❶ 陈安琪. 隋唐时期龟兹乐舞服饰研究 [D]. 西安：西安工程大学，2016.

❷ 旧唐书·卷二十九·志第九. 1975：1071.

❸ 陈安琪. 隋唐时期龟兹乐舞服饰研究 [D]. 西安：西安工程大学，2016.

7 尉迟乙僧《（龟兹）舞女》（宋代摹本）

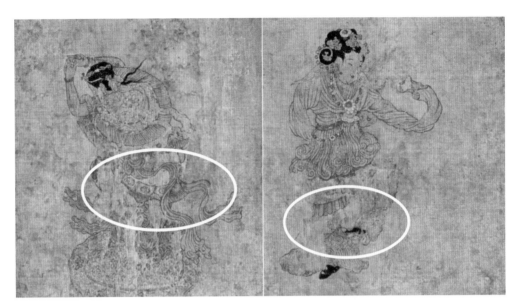

不属于宣传佛教的绘画，因此舞伎所穿的服饰既带有世俗社会的影子，又受到中原和西域文化的影响。

（二）尊像、飞天服饰

腰裙的形制除了出现在佛国乐舞情节中，还能在尊像和飞天服饰中观察到。例如：初唐莫高窟第322窟东壁门上二菩萨；初唐莫高窟第329东壁门上释迦佛说法图印两侧侍立菩萨；初唐莫高窟第321窟东壁南侧释迦佛说法图两侧侍立菩萨；初唐莫高窟第322窟东南南侧药师佛左右的日光和月光菩萨；初唐莫高窟第220窟东壁门上三佛说法图中侍立菩萨；初唐莫高窟第332窟西壁下侧二尊越三界菩萨；盛唐莫高窟第205窟西壁南侧甘露观音；盛唐莫高窟第66窟西南龛外南侧、北侧的大势至菩萨和观世音菩萨；盛唐莫高窟第320窟西壁龛外南侧观世音菩萨；盛唐莫高窟第166窟东壁南侧观世音菩萨；盛唐莫高窟第387窟东壁门上弥勒佛说法图左一侍立菩萨；五代莫高窟第6窟西壁龛内观世音说法图；沙洲回鹘莫高窟第97窟西壁龛外南侧、北侧观世音菩萨等（详见附录）。

在众多密教壁画中也能够清晰地观察到腰裙配裙或裤的形制。晚唐莫高窟第196窟南壁东侧十五身密教菩萨像中的十一面如意轮和执杨枝菩萨；初唐莫高窟第312窟东壁门北和初唐莫高窟第340窟东壁门上的十一面观音经变像等。唐朝的腰裙形制在众多壁画中最容易被辨析出来，特别是呈侍立姿态的尊像，在唐朝之前和之后的朝代也有类似的腰裙形制，如宋代榆林窟第17窟前室西壁北侧左二和右二宝池莲花供养菩萨；西夏莫高窟第328窟东壁北侧右一供养菩萨；隋莫高窟第244窟北壁东侧双树释迦说法图两侧侍立菩萨。除此之外，笔者也观察到五代莫高窟第98窟甬道顶部手拖明珠的于阗国天女和盛唐莫高窟第39窟撒花飞天也同样穿着腰裙（图8）。

这些腰裙的形制分为腰襻和半裙，腰襻在正面中心系结，有些腰襻位置偏下，包裹住臀部，颜色以绿色为主，也出现蓝色、白色和红色腰襻。腰裙多为直筒，受

五代，莫高窟第6窟西壁　五代，莫高窟第98窟甬道顶　初唐，莫高窟第312窟东壁门　盛唐，莫高窟第39窟，　图8　唐和五代，尊像服饰与白
龛内西壁，观音说法　　部，于阗国天女　　　　北，十一面观音经变　　　飞天　　　　　　　　自绘

到腰襻束裹的影响，视觉上呈现包臀的效果，有时下摆会有因包裹而出现放射的波浪褶皱形状。腰裙下摆的位置多为膝盖之上、大腿中部。有的下摆的装饰与第146窟和第196窟外道女的花瓣状装饰类似，例如五代莫高窟第6窟西壁龛内观音说法图（图8），观音菩萨位于中心的莲花台枝上，身披璎珞，手持净瓶和杨柳枝，周围侍舍利佛、阿那律等十位圣人。这身观音菩萨腰裙下摆就为花瓣状装饰。

　　关于腰裙的颜色与腰襻搭配，由于壁画距今一千多年，经历自然和人为的历史沿革。据现有实物和图片资料观察多为红（腰襻）绿（腰裙）、绿（腰襻）红（腰裙）、绿（腰襻）白（腰裙）、蓝（腰襻）红（腰裙）等。

五、腰裙由来的推测（图9）

　　波斯中古文化兼收并蓄罗马以及中亚艺术的营养，对丝绸之路沿线影响深远。萨珊波斯王朝时期出土的一个八曲长杯，在银器两端绘制安娜希塔女神形象，双腿穿着宽腿裤，膝盖向外微屈，裤口处能看到诸多褶皱，值得注意的是，在腰间有一条细带于前中系结，腰裙形制的裙装覆盖腰臀。雕刻在银器上的穿着腰裙的安娜希塔女神，或手持飘带，或双肘搭飘带，此类形象极有可能沿着丝绸之路影响新疆壁

画飞天人物的服饰造型。

波斯古老舞蹈肚皮舞（raks sharqi），在胯部动作和手部动作等动作和姿势上被认为与龟兹乐舞有相似性，融合了古埃及、古希腊的乐舞元素❶。肚皮舞在古埃及被认为与宗教活动和生殖仪式相关，根据古埃及的传说，妇女摆动盆骨向神明祈福求子，这被认为是肚皮舞作为祭祀舞蹈的原型。波斯曾两次入侵埃及，并将埃及作为行省，直到亚历山大统治埃及，正式将肚皮舞归为阿拉伯舞蹈体系之中。金千秋学者在研究古丝绸之路乐舞文化交流时认为古埃及的肚皮舞在汉唐之前由中亚、西亚民族沿陆上丝绸之路传入中原，在那之后，则可能从海上丝绸之路进入❷。由于伊斯兰文化对肚皮舞持保守的态度以及中东地区文化的不连续性，许多珍贵的史料在历史的长河中消失，其中就包括对于早期肚皮舞服饰的记载。现存一些 19 世纪关于描绘埃及肚皮舞者的图片，如图所描绘的肚皮舞者的服饰，腰间系带，着腰裙搭配宽腿裤，虽然这些图片距离唐朝壁画 1000 多年的历史，由于它们之间的相似性，存在 19 世纪肚皮舞服饰延续了古波斯的传统舞蹈服饰的可能性。

在古波斯帝国统治的地区中，包括粟特地区，古波斯文明与粟特艺术长期处于交流之中，也间接地影响着粟特艺术❸。大量粟特人因经商往来丝绸之路，并有一部分定居于龟兹，为波斯文化流入汉地提供了有利因素。粟特人信奉琐罗亚斯德教，也称祆教、拜火教。祆教由古波斯人琐罗亚斯德创立。源于波斯宗教的祆教，其宗教乐舞逐渐随着迁徙的信徒传入中原。现存于法国国家图书馆的一副粟特神祇画，被发现于敦煌莫高窟，是一幅晚唐至五代时期，描绘粟特祆教的神祇的纸本白画。根据饶宗颐学者分析，白画中两位与祆教相关的神祇分别为持犬女神和持日月蛇蝎女神❹。两位女神祇发型形似回鹘发髻，右侧持日月蛇蝎女神穿着汉地大袖裙襦，左侧持犬女神胸部服饰被右手遮挡，腰间有一条细绳于前中系结，此装饰细节与萨珊波斯八曲长杯的安娜希塔女神腰部细带一致，并且持犬女神的裙装也是腰裙配裤，以此推测文化的交融与东传，导致了两者服饰的相似性。

六、总结

莫高窟第 146 窟、196 窟和 9 窟外道女所穿的腰裙，并不是外道女特有的服饰，腰裙的形制主要出现在以女性为主的壁画人物上，她们的身份有外道女、舞伎、观

❶ 翟清华 . 汉唐时期粟特乐舞与西域及中原乐舞交流研究——以龟兹、敦煌石窟壁画及聚落墓葬文物为例（上）[J]. 新疆艺术（汉文），2019(6)：4–11.

❷ 金千秋 . 古丝绸之路乐舞文化交流史 [D]. 北京：中国艺术研究院，2001.

❸ 翟清华 . 汉唐时期粟特乐舞与西域及中原乐舞交流研究——以龟兹、敦煌石窟壁画及聚落墓葬文物为例（上）[J]. 新疆艺术（汉文），2019(6)：4–11.

❹ 饶宗颐 . 饶宗颐佛学文集 [M]. 北京：北京出版社，2014.

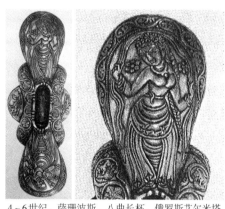

4~6世纪，萨珊波斯，八曲长杯，俄罗斯艾尔米塔什博物馆藏（摘自《西亚、中亚与亚欧草原古代艺术溯源》图16-62）

肚皮舞表演者（摘自 The Manners and Customs of Modern Egyptians 1846, vol. ii：99）

P.4518（24）纸本绘画（摘自 IDP 敦煌国际项目）

图9　腰裙由来推测

音、天女、飞天等。另外，唐朝舞伎在演绎胡旋舞、胡腾舞、柘枝舞等舞种时，有特定的表演服饰，但壁画中所展现的服饰与世俗社会的不同，依然出现很多"腰裙"。可见"腰裙"在佛教壁画中属于适用范围较广的一种服装表达语言。敦煌壁画是社会现实和画匠臆想结合的艺术创造。一方面，为了表达佛经上的故事，创造佛国极乐世界的美好愿景，存在一定程度的虚构、想象、夸张的艺术渲染手法；另一方面，艺术源于生活，画匠使用的绘画技法、色彩规律、人物表现、场景构想等都是源于他们所处的世俗社会和文化，通过艺术加工和提炼的手法表现在壁画之上。至于"腰裙"的来源，可追溯到伊朗高原的萨珊波斯文化，波斯神祇安娜希塔女神穿着腰裙形制裙装，其世俗来源可考虑波斯古肚皮舞服饰的可能性。波斯人造像中所运用的腰裙等元素，在粟特人崇信的祆教神祇身上也可见到，这足以说明萨珊波斯流行的女性神祇造像风格，沿丝绸之路对中亚产生了相当影响，尔后经粟特人带入汉地，进而出现在敦煌石窟的壁画之上。

参考文献

[1] 陈安琪.隋唐时期龟兹乐舞服饰研究[D].西安：西安工程大学，2016.

[2] 敦煌研究院编著.敦煌石窟艺术全集服饰画卷[M].上海：同济大学出版社，2016（1）.

[3] 敦煌研究院编著.敦煌石窟艺术全集舞蹈画卷[M].上海：同济大学出版社，2016（1）.

[4] 何昌林.唐代舞曲《屈柘枝》——敦煌曲谱《长沙女引》考辨[J].敦煌学辑刊，1985（1）：74-81.

[5] 侯霄爽.敦煌壁画中飞天造型与服饰艺术研究[D].西安：西安工程大学，2013.

[6] 霍旭初 . 龟兹艺术研究 [M]. 乌鲁木齐：新疆人民出版社，1994：7.

[7] 金千秋 . 古丝绸之路乐舞文化交流史 [D]. 北京：中国艺术研究院，2001.

[8] 旧唐书・卷二十九・志第九 . 1975：1071.

[9] 吕德廷 . 敦煌石窟中的外道形象研究综述 [J]. 敦煌学国际联络委员会通讯，
    2013（1）：75–85.

[10] 毛小雨 . 印度壁画 [M]. 南昌：江西美术出版社，2000：7–8.

[11] 马文娟 . 敦煌隋唐壁画中飞天服饰的研究 [D]. 上海：东华大学，2007.

[12] 宋若谷，沙武田 . 敦煌壁画中女性外道表现手法发覆 [J]. 敦煌研究，2020
    （1）：60–69.

[13] 王嘉琛 . 波斯绘画与敦煌壁画的联系 [D]. 昆明：云南艺术学院，2018.

[14] 元稹 . 和李校书新题乐府十二首・法曲 .

[15] 阮立 . 唐敦煌壁画女性形象研究 [D]. 上海：上海大学，2011.

[16] 翟清华 . 汉唐时期粟特乐舞与西域及中原乐舞交流研究——以龟兹、敦煌
    石窟壁画及聚落墓葬文物为例（上）[J]. 新疆艺术（汉文），2019（6）：4–11.

[17] 饶宗颐 . 饶宗颐佛学文集 [M]. 北京：北京出版社，2014.

[18] 张晨阳，张珂 . 中国古代服饰辞典 [M]. 北京：中华书局，2015.

附录

唐和五代—尊像腰裙					
初唐莫高窟第322窟东壁门上二菩萨		初唐莫高窟第329窟东壁门上释迦佛说法印两侧侍立菩萨	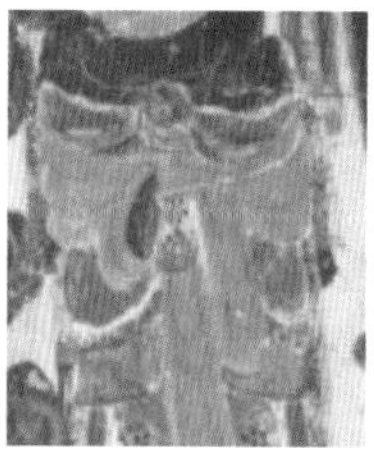	初唐莫高窟第321窟东壁南侧释迦佛说法图两侧侍立菩萨	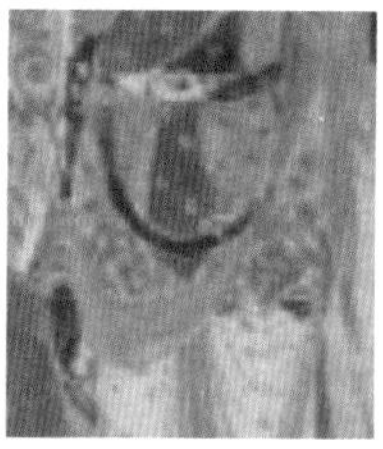
初唐莫高窟第322窟东壁南侧药师佛左右的日光和月光菩萨	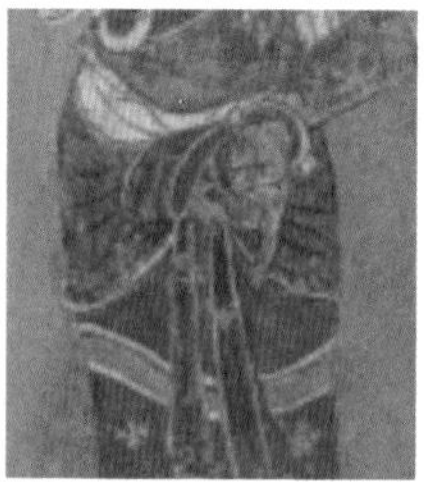	初唐莫高窟第220窟东壁门上三佛说法图中侍立菩萨	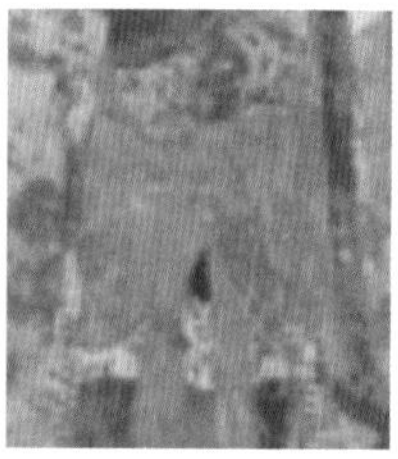	初唐莫高窟第332窟西壁下侧二尊越三界菩萨	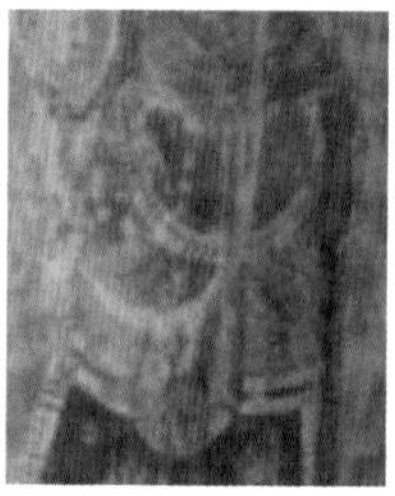
初唐莫高窟第312窟东壁门北十一面观音经变（密教）		初唐莫高窟第340窟东壁门上十一面观音经变像（密教）	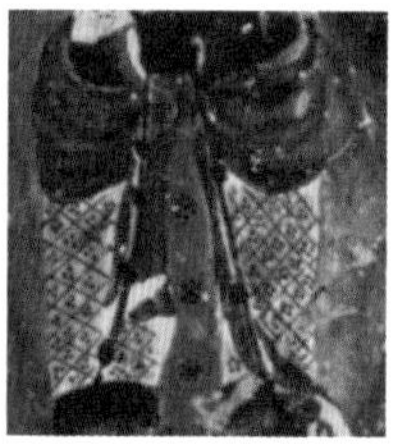	盛唐莫高窟第387窟东壁门上弥勒佛说法图左一侍立菩萨	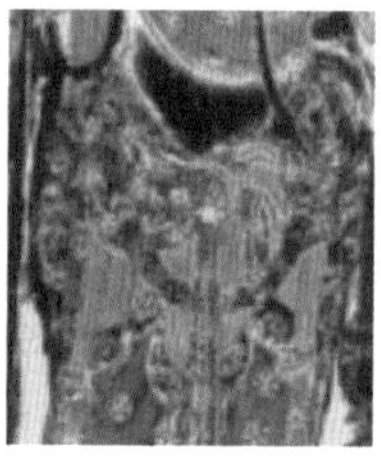
盛唐莫高窟第205窟西壁南侧甘露观音	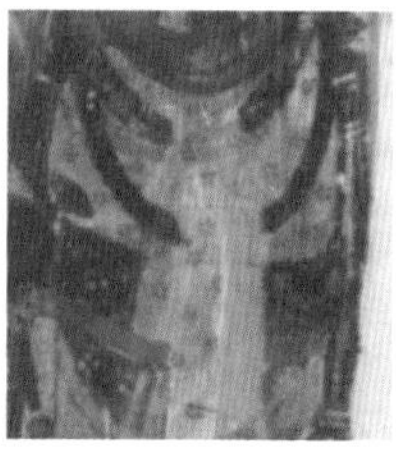	盛唐莫高窟第66窟西壁龛外北侧观世音菩萨	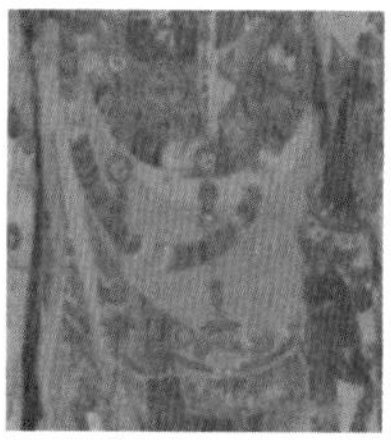	盛唐莫高窟第320窟西壁龛外南侧观世音菩萨	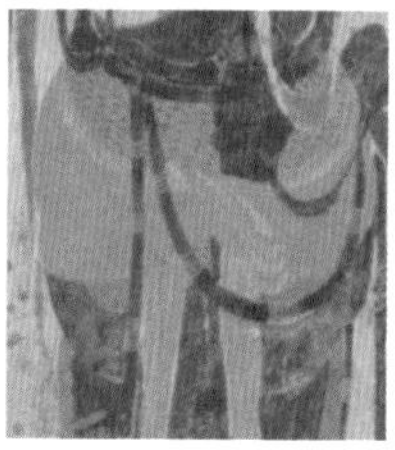
盛唐莫高窟第166窟东壁南侧观世音菩萨	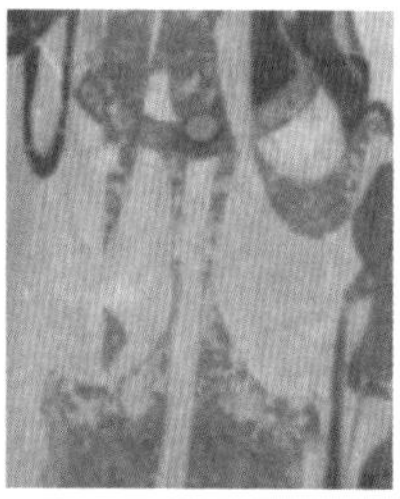	晚唐莫高窟第196窟南壁东侧执杨枝菩萨（密教）	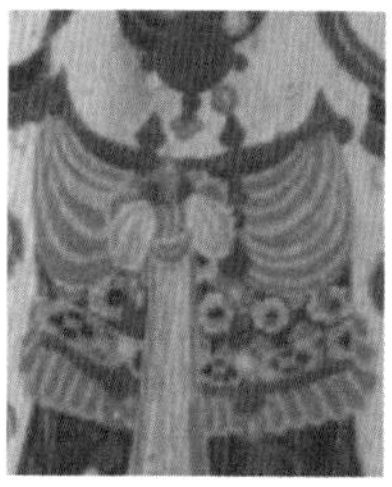	五代莫高窟第6窟西壁龛内西壁观音说法	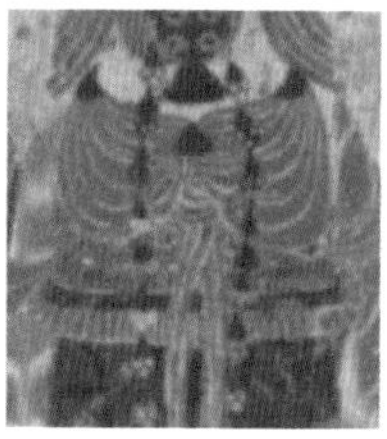
沙洲回鹘莫高窟第97窟西壁龛外北侧观世音菩萨	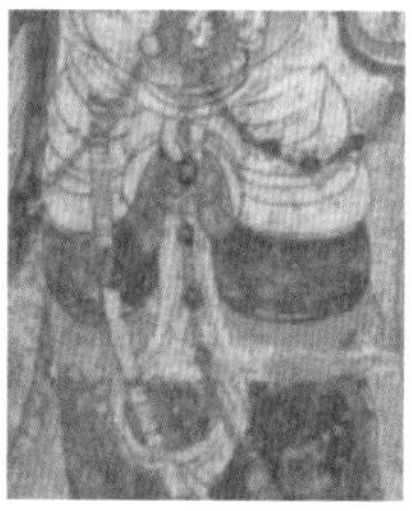	五代莫高窟第98窟甬道顶部于阗国天女	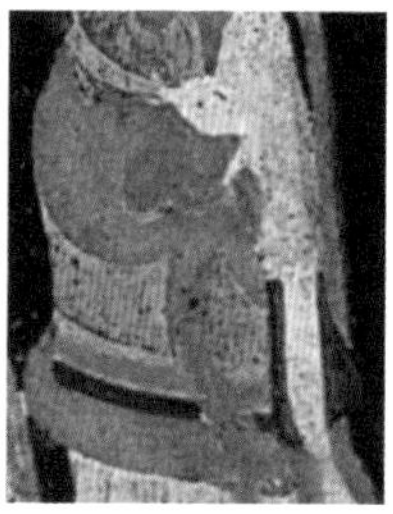		

续表

除唐和五代—尊像腰裙		
隋莫高窟第 244 窟北壁东侧双树释迦说法图两侧侍立菩萨 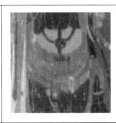	宋代榆林窟第 17 窟前室西壁北侧宝池莲花供养菩萨 	西夏莫高窟第 328 窟东壁北侧右一供养菩萨 

刘芳 / Liu Fang

女，2021年毕业于北京服装学院美术学院设计学专业，获艺术学博士学位，研究方向为中国传统服饰文化，主要研究领域为美术史、服饰史、佛教造像服饰。多年来，致力于北魏服饰及云冈石窟造像服饰的研究，发表多篇论文，并多次参加国内外学术会议，专著《云冈服饰文化研究》（中国纺织出版社，2018年）获2019年度中国纺织工业联合会部委级优秀图书三等奖。

云冈早期佛像服饰仪轨内涵
——兼论佛像服饰特征及形成

刘芳

摘要：佛像服饰是佛陀形象表现中重要的组成部分，由于和僧服关系密切，在发展中渐具一定的仪轨及内涵。佛教传入中国后，印度早期佛像服装的两种基本样式"通肩式"和"右袒式"，开始受到中国古代服饰文化的冲击而发生改变。北魏冠服制度建立的进程中，不断引入儒家礼制，同时佛教思想的凸显作用在云冈佛像服饰中表现出来。本文在探析佛像"法服"仪轨的基础上，以云冈早期佛像为例，在分析佛像服饰特征及形成的基础上同时探讨其背后的内涵。

关键词：云冈石窟；佛像服饰；仪轨；内涵；佛衣特征

佛陀形象的表现，服装是重要的组成部分，又称为尊像服饰，但多被通俗地冠以"佛衣""袈裟"的称谓，日益为学界所关注，集中于样式特征，较少探讨其仪轨内涵。佛像在印度诞生后，佛衣的两种基本样式"通肩式"和"右袒式"，始终是佛教造像中佛像服饰的仪轨和参照。佛教传入中国后，其造像形式在与历史时空背景的结合中不断发生变化，从汉魏时期佛像服饰多遵循律典规制，到十六国晚期北方佛像衣着开始多样化，直至南北朝时期发生的明显改变，佛像服饰逐渐与中国传统服饰元素相结合。

在云冈石窟的开凿中，由于佛教始于与政治相互倚靠，早期昙曜五窟主尊"人佛合一"的造像宗旨使佛像服饰结合了北魏帝王服饰的表现，不仅表现在服饰特征上，还在遵循律典规制的基础上进行了民族化改造。同时，由于受到中国古代传统服饰文化思想及审美意识的影响，佛像服饰遂具有了儒家服饰礼制的内涵，其来源一方面是佛教律典中对于右袒、通肩的使用规定，即源于僧人"法服"中的仪轨内涵；另一方面则受北魏早期冠服制度初建时草创形式的影响，在服饰上最早实现了佛教与世俗的碰撞与结合。

一、佛像"法服"之仪轨及早期佛衣特征流变

对于佛像服饰，学界较为一致的观点是，在很大程度上，佛像的衣着是依照僧衣而造，并与之相契合❶，最初的"印度佛教造像中，佛衣和僧衣披覆形式相同"❷。《四分律》《摩诃僧祇律》和《五分律》等记载了释迦牟尼为自己及弟子制定着衣的故事，于是有了尼众所着的"三衣"和"五衣"，统称为"法衣"或"法服"，意即按照佛法、顺应佛法而制定的衣服。

随着僧伽服饰的发展，三衣逐渐成为贤圣沙门的标帜❸，并被赋予特殊的含义，如"福田衣"是为彰显袈裟福田相之功德❹（图1）。此外，对三衣的使用也逐渐有了礼仪性的规定，披在最外层的僧伽梨是在外出和正式的交际场合穿用，是佛家最正规的制服，并至今仍在僧服中使用（图2），白化文认为"其着装场合相当于中国古代穿朝服"❺，中间的郁多罗僧是在礼诵、听讲、布萨时穿用，所以又称"入众衣"，最里层的安陀会是在非宗教性质工作和生活、就寝时穿用。对于"三衣"的两种披着方式及使用场合，佛教律典也有规定："偏袒右肩"多用于礼佛、面见长老、论证佛法等正式场合，以示慎重、尊威之意，"通肩式"则在僧尼坐禅、诵经或出入世俗之地时穿着❻。

僧服的仪轨规定通过佛像的制作于佛像服饰中表现出来，因此，佛像服饰最初的两种基本样式为"右袒式"和"通肩式"。然而，佛陀作为僧人（比丘）们的领袖，和剃发的僧人有明确区别。佛的形象第一次被具体化之后，就被赋予了神圣的双重属性：他既是佛教世界最高的精神导师和裁决者，具有难以想象的神通、智慧和法力，同时也是真实存在的一个人物，是融合了世俗与僧界的复合体。《大唐西

图1　图2

图1　"三衣"作田相割截示意图

图2　僧伽梨实物结构图，摄于昆月宝华寺

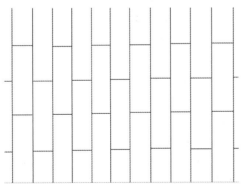 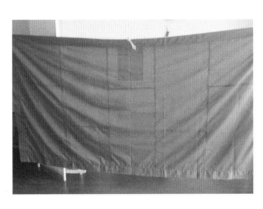

---

❶ 费泳：《中国佛教艺术中的佛衣样式研究》，北京：中华书局，2012年4月，第9页。

❷ 陈悦新：《佛衣与僧衣：古代造像着装法式解读》，《故宫博物院院刊》，2009年第2期。

❸《释氏要览》引《僧祇律》云："三衣者，贤圣沙门之标帜。"

❹ 律典对三衣产生过程的记载：时释迦与弟子阿难行走到形制规整的稻田旁，佛问阿难，能否将三衣做成田相，阿难基于此思路制成田相法衣。

❺ 白化文：《汉化佛教法器与服饰》，北京：中国书籍出版社，第105页。

❻ 参见《摩诃僧祇律》《四分律删繁补阙行事钞》。

域记》对于古代印度衣饰习俗的两则记载中，同样也出现了"通肩"及"右袒"的着衣规定，第一则记载为："象主之国躁烈笃学，特闲异术，服则横巾右袒，首则中髻四垂。"❶第二则为："衣裳服玩，无所裁制，贵鲜白，轻杂彩，男则绕腰络腋，横巾右袒，女乃襜衣下垂，通肩总覆，顶为小髻，余发垂下。"❷可以认为，佛像服饰是融合了世俗服饰与僧人服饰的复合服饰。

佛像的诞生与发展经历了时空的变化。在这个变化过程中，佛像服饰表现出强烈的时间性和地域性特征。贵霜时期犍陀罗佛像造型形象写实，形体结构合理，人物细致、生动，佛作波状或螺状束发肉髻，所着袈裟厚重，衣褶自然清晰，服饰样式多为"通肩式"（图3）。贵霜时期秣菟罗佛像之"佛衣"则多为"右袒式"，薄而贴体，刻意透过着衣表现出肌体的自然形态（图4）。笈多时期，佛像服饰仍未脱离贵霜时期佛像服饰的两种基本样式，但表现方式已经完全不同，注重于对衣纹线条的刻画，秣菟罗地区佛像整体造型更加写实，着通肩衣，衣质轻薄，透过着衣清晰地暴露出躯干与四肢的形态和轮廓，衣纹线细密均匀，如同水波纹；佛面相静穆，如禅定屏息，佛头顶螺发整齐，眼半睁，向前下方望去，作沉思表情（图5）。而萨尔那特佛像则有印度人的相貌，眼帘低垂如在沉思默想，直鼻厚唇，矩形长耳，螺发整齐，光环华丽，身材匀称；佛像袈裟通常只在领口、袖口之处看到一两道衣纹（图6）。整体来看，"早期的佛陀造像衣着简朴"❸，"成半裸状态的居多"❹，仅有的装饰也只通过外层袈裟的衣纹来表现。

图3 │ 图4

图3 2～3世纪，贵霜犍陀罗佛立像着"通肩式"，巴基斯坦白沙瓦博物馆藏

图4 贵霜秣菟罗佛像着"右袒式"，印度秣菟罗博物馆藏

❶（唐）玄奘撰，董克翘译注：《大唐西域记·序论》，《大唐西域记》，北京：中华书局，2012年1月，第29页。
❷（唐）玄奘撰，董克翘译注：《大唐西域记·衣饰》，《大唐西域记》，北京：中华书局，2012年1月，第109页。
❸ 许星：《佛教造像服饰探析》，《装饰》，2003年8月。
❹ 张志春：《中国服饰文化》（第1卷），北京：中国纺织出版社，2001年。

图5　5世纪中叶，秣菟罗佛立像着"通肩式"，印度新德里总统府藏

图6　5世纪中叶，萨尔那特佛坐像着"通肩式"，印度萨尔那特美术馆藏

图5　｜　图6

　　佛教东传入中国后，初期佛像呈现出与古印度佛像的一致性，服装多为"通肩式"。十六国晚期，北方佛像衣着开始多样化，"通肩式"佛衣在细节上如衣纹、面料质感等方面出现变化，佛像服饰受世俗影响的趋势开始显露。此外，僧人和士人的交互作用是这一时期的显著特点，如东晋时，士人常有与沙门的交往，出现了高僧者特立独行，为政者亦倚立佛教的社会现象，为佛教的传播与发展开辟一个新的世纪。于是，在南北朝时期大规模造像运动的同时，佛教律典逐渐受到儒家思想影响，北魏云冈早期佛像做了开拓性的尝试，佛像服饰的世俗化初现端倪。

二、云冈早期佛像服饰特征及其形成

　　在佛教造像中，造像内容作为重要的组成部分和表现形式，是指通过选取一定的造像题材，运用不同造像组合、图像配置等来展示造像者意欲传递和表达的佛教经典及思想。造像内容及其所反映的佛教思想是依赖于造像的外观予以表现，最为直观的便是造像风格。造像内容和造像风格是判断造像所处时代的重要因素，对二者的总体把握，则有利于对造像诸方面的细致研究。就云冈佛像服饰而言，由大到小，层层递进，是对造像服饰进行深入研究的前提所在。

　　云冈早期"昙曜五窟"所包含的第16～20窟均为大像窟（图7），在每一窟中，主佛居中而设，形体高大，或坐或立，占据窟内主要位置，是最着重表现的形象，

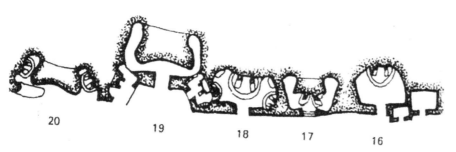

图7 昙曜五窟第16～20窟平面
（选自《中国石窟寺研究》，北京
文物出版社，1996年）

左右两侧为形体仅次于主尊佛像的胁侍佛，这是云冈早期的主要造像组合"三佛"，是来源于犍陀罗一铺三尊式的造像，表现意图为实现理想的佛国净土。造像外观涉及造像人物形态、雕刻技法、造像服饰等诸多方面，共同构成佛教造像中的造像特征。从大的方面，首先是对其风格的来源与判定。赵邦彦认为早期造像"摹仿梵相，依从经典"[1]。常任侠认为"云冈石刻艺术的渊源，与印度笈多王朝的黄金时代，发生着亲密的联系"[2]。宿白则从整体观察，提出了云冈早期即"第一期的云冈模式"的论点，这一论点的代表性在于对早期造像服饰的归纳：沿西方旧有佛像服饰的外观，摹拟当今天子之容颜风貌，正是一种新型的佛像融合[3]。温玉成对云冈"昙曜五窟"造像的评价："总之，昙曜五窟造像艺术表明：尽管它的'粉本'是来自犍陀罗，又受到'凉州模式'的影响"[4]。以上论点均忽略了云冈石窟开凿之前来自于河北地区佛像风格的影响，尤其是服饰的影响最为直接，这将在后面对云冈早期两种佛衣样式的形成中进行探讨。

云冈早期造像特征的最早记载见于《魏书·释老志》："高者七十尺，次六十尺，雕饰奇伟，冠于一世。"[5]对于佛像特征，可概括为：高肉髻，面相丰圆，眉眼细长，蓄八字须。两肩齐挺，身躯壮硕。在服饰表现上，或右袒，或通肩，边缘雕刻之字形纹样。以下将分别述之。

（一）"半右袒式"主尊佛像服装

昙曜在北魏都城"开窟五所"，位于五所大窟中央位置的便是昙曜遵循"人佛合一"造像理念建造的象征五位北魏帝王的五尊主像，但由于第17窟北壁主像为未来佛弥勒菩萨着菩萨服饰，以及最后开凿的第16窟立佛像服饰属于中期流行的"褒衣博带式"，故此二尊主像不在本研究之列。其余三窟即第18、19、20窟中主尊佛像虽或坐或立，袈裟的外观表现形式各异，但共同的特征为外层袈裟左侧由左肩斜披下垂，将整个左臂和左胸腹贴体遮盖，右侧斜搭右肩一角，裸露右臂及右上

❶ 赵邦彦：《调查云冈造像小记》，《云冈百年论文选集》，北京：文物出版社，2005年7月，第69页。

❷ 常任侠：《云冈石刻艺术》，《云冈百年论文选集》，北京：文物出版社，2005年7月，第96～98页。

❸ 宿白：《平城实力的集聚和"云冈模式"的形成与发展》，《云冈百年论文选集》，北京：文物出版社，2005年7月，第290页。

❹ 温玉成：《中国石窟与文化艺术》上海：上海人民美术出版社，1993年，第141页.

❺《魏书》卷一一四《释老志》十，北京：中华书局，1973年，第3037页。

胸，并露出雕刻有联珠纹及有相互勾连的U形纹的内层袈裟，外层袈裟边缘雕刻有精美考究的折线纹样，是半覆右肩的"右袒式"着衣样式（表1）。

表1 "昙曜五窟"主尊佛像及着衣样式（自西向东）

佛像所在位置	20窟主尊	19窟主尊	18窟主尊	17窟主像	16窟主尊
佛像表现形式	释迦坐像	释迦坐像	释迦立像	弥勒菩萨	释迦立像
佛像服装样式及归属时期	半右袒式	半右袒式	半右袒式	菩萨装	褒衣博带式
	早期样式				中期样式

对于5世纪中期云冈出现的这种佛衣样式，学界有不同称谓，杨泓称之为斜披式服装，并以第20窟露天大佛、第19窟中间大佛以及第17窟明窗东侧佛像服饰为例，认为其出现时间在和平元年以前不久[1]。王恒称这种服装为袒右肩袈裟[2]，费泳根据其半披右肩的披着特征将之称为"半披式"佛衣[3]，陈悦新运用考古类型学的方法，从外部的雕刻特征对云冈佛像服饰进行分析和归纳，将此种类型的佛像服饰归为甲类C型I式，称之为覆肩袒右佛衣[4]，日本学者冈田健、石松日奈子将这种佛像服饰描述为"偏袒右肩"[5]。显然，以上称谓均是从佛衣的外在形式来命名。然而，从源头来看，这种佛衣样式是建立在对印度早期右袒式佛衣改造的基础上，为了表明与印度早期佛像服饰"右袒式"的继承关系，本文以"半右袒式"称之（图8～图10）。

从综合的图像来看，在早期的印度佛像雕刻中，已经出现了半覆右肩的样式，但其表现形式更接近一种披着方式，并未形成佛衣样式。考察"半右袒式"佛衣在中国的出现，并非突然发生，顺着佛教传播的西北线逆向追溯，可以发现，这种着装形式出现于4、5世纪之际，如新疆地区库车库木吐喇谷口区第20窟泥塑佛坐像

图8，图9，图10

图8，图9，图10 云冈第20、19、18窟主尊佛像着"半右袒式"

[1] 杨泓：《试论南北朝前期佛像服饰的主要变化》，《考古》，1963年第6期。

[2] 王恒：《试论云冈石窟佛像服装特点》，《文物世界》，2001年第2期。

[3] 费泳：《中国佛教艺术中的佛衣样式研究》，北京：中华书局，2012年4月，第207页。

[4] 陈悦新：《云冈石窟佛衣类型》，《故宫博物院院刊》，2008年第3期。

[5] [日]冈田健、石松日奈子：《中国南北朝时代的如来像着衣研究》（上），《美术研究》356号，1993年。

（图11），佛像右肩甚至整个右臂被外层袈裟覆盖，披着形式自然且随意。然而，现有明确纪年的着"半右袒式"的佛像，最早出现于西秦建弘元年（420年）前后的炳灵寺第169窟的第6龛主尊及北壁第9龛立佛像中（图12），这两尊佛像所着佛衣只是稍稍覆盖右肩部，但其处理方式已经不是自然随意的披着形式，初具一定的装饰意味。对于云冈早期佛像"半右袒式"的形成，河北地区佛像的影响值得引起注意。一尊现流落于日本的北魏太安元年（455年）张永造石佛坐像（图13），佛像外层袈裟边缘明显刻画了具有装饰意味的线条，包括稍稍覆盖的右肩部，更需强调的是，还在外层袈裟领缘处刻画了一组折带纹，金申将其看作是"大衣边缘表现折带纹的初期萌芽形式"❶，与此尊造像风格相似的还有一尊北魏太安三年（457年）宋德兴造石佛像，这两尊佛像虽被发现于大同附近，但很可能是河北地区所造❷，这也为云冈早期主尊佛像"半右袒式"的形成找到依据。如《魏书》记载，北魏于泰常三年（418年）与太平真君七年（446年）徙河北上千家于都城平城❸，其中也包括了善于造像的工巧。河北地区早在后赵时期已经具有相当的佛教基础，石虎于晋成帝咸康元年（335年）迁都于邺，由于重视佛教，佛图澄随至邺，这一时期，各地高僧往来频繁，如佛图澄弟子道安在中山研寻佛学，并为慧远讲般若。可以说，北魏早期佛教在很大程度上受到河北影响，这种影响自然延伸到造像中，到云冈早期，佛像主尊服饰样式在经历了由西向东的传播过程以及来自河北的影响而形成固定的佛衣样式——"半右袒式"。

"半右袒式"佛衣的发展，呈现出较为清晰的从中亚、新疆、河西到中原北方的传播路线与发展脉络，即从最初的佛像服饰披着形式逐渐演变而成为一种佛像服

图11 ｜ 图12 ｜ 图13

图11 约5世纪，库木吐喇谷口区坐佛

图12 西秦，炳灵寺第169窟北壁第9龛立佛

图13 北魏太安元年（455年）张永造石佛坐像

❶ 金申：《云冈石窟的佛像样式对北魏单尊佛像的影响》，《佛教美术丛考续编》，北京：华龄出版社，2010年1月，第2页。

❷ 同上。

❸ 《魏书·太宗纪》："夏四月己巳，徙冀、定、幽三州徙河于京师。"又《魏书·世祖纪下》："三月，……徙定州丁零三千家于京师。"

饰样式，中间的变化过程亦有着确凿的图像例证，如炳灵寺第169窟北壁后部立佛像所着"半右袒式"对右领襟披着处理上的不稳定性，显示出此种样式处于初创之时。在这个形成过程中，中国传统的服饰观念、僧人的活动轨迹以及造像者的技术力量等均是重要的影响要素。

云冈早期主尊佛像服饰之"半右袒式"的特征集中表现在两个方面，一是规整的半覆右肩；二是外层袈裟边缘折带纹的使用，已经成为"严整而富有装饰性的样式"[1]，之所以认定其具有的装饰图案性质而非衣褶[2]，是因为三角的折线下是韵律感极强的几条平行线雕刻，这是自然下垂的衣褶所不具备的特征。这些特征成为以后北方佛像衣饰折带纹的定式，显示出云冈早期"半右袒式"的强大影响，是中国佛像服饰民族化进程中，发生时间最早、延续时间最长的佛像衣着样式之一。

（二）"通肩式"胁侍佛像服装

云冈早期佛像服饰之"通肩式"为佛像传入中国后最早流行的佛衣样式。相对于"半右袒式"，"通肩式"则多用于主尊佛像两侧的胁侍佛，在石窟造像中始终处于从属地位，这是由其在"三佛"造像内容的位置决定的。费泳也注意到这一现象，提出在这一期间发生在"通肩式"佛衣中的一些变化值得注意，因为这关系到佛衣的民族化变革，以及中土沙门服饰变化带给佛像的影响[3]。

"昙曜五窟"中，着"通肩式"的佛像主要见于第17、18、19、20窟主尊两侧的胁侍佛。在服饰表现上，除了第19窟主像右侧胁侍佛所着服饰为"褒衣博带式"外，其余胁侍均着"通肩式"。按照开凿次序，自西向东应为第20、19、18、17窟。四窟中胁侍佛像服饰虽同为"通肩式"，但每一尊佛像所着"通肩式"的表现形式并不完全相同，主要是在U字形衣纹及面料质感的表现上，以及雕刻技法等，唯一相同之处即是在袖口雕刻了与早期右袒式领缘部位相同的折带纹。以下的分析将围绕这几尊佛像所着的通肩式袈裟的细节表现，以期找出北魏早期通肩式佛衣的种类及流行。

第20窟主尊右侧胁侍由于坍塌已毁，仅存的左侧胁侍立佛左手握衣角，右手于胸前施无畏印，外层袈裟感觉厚重，袈裟右下角敷搭左肩并垂于左肩后，胸前衣纹以胸部为中心，呈U字形交叉对称表现，凸起的衣襞断面棱角方直，衣襞凸起部加饰阴刻线，有学者称之为"凸棱附线刻"[4]，佛衣质感表现厚重（图14），依据考

---

❶ 金申：《云冈石窟的佛像样式对北魏单尊佛像的影响》，《佛教美术丛考续编》，北京：华龄出版社，2010年1月，第2页。

❷ 对此纹饰，也有学者持不同观点，如台湾学者李玉珉认为是袈裟领部下垂形成的衣褶，在其《佛陀形影》中描述第20窟主尊佛衣缘的特征：胸前波状起伏的衣缘，由两条细浮雕线组合而成的衣褶，也是云冈石雕常见的手法。参见李玉珉《佛陀形影》，台北：台北故宫博物院，2011年，第178页。

❸ 费泳：《中国佛教艺术中的佛衣样式研究》，北京：中华书局，2012年4月，第138页。

❹ 黄文智：《大同云冈北魏中期洞窟人物雕刻模式的形成与传播》，《社会科学战线》，2016年第1期。

古类型学的型式划分，称为"通肩式"A式。第19窟南壁"罗睺罗因缘"佛教故事图像中的释迦立像，也着"通肩式"，而根据佛经，这是释迦牟尼未成佛之前的形象，也是云冈最早的佛教故事图像，图像中释迦佛所着"通肩式"外层袈裟质感轻薄如蝉翼，躯体隐约可见，由右侧衣角搭于左肩并垂于左肩后的衣缘部分则有一个非常明显的尖角。其衣纹自胸部开始呈U字形向两侧和下方扩散，两腿之间又各自形成U字形排列，表现出对称性和装饰性的效果，称为"通肩式"B式，是云冈唯一着"通肩式"袈裟的释迦牟尼像（图15）。第17窟主尊两侧的胁侍佛，左侧一身保存完好，其"通肩式"袈裟右上角置于左肩，右手施无畏印，左手握下垂的两衣角，衣襞以阶梯方式呈弧形对称排列，右手下垂的袈裟边缘雕刻有折带纹，整体表现同第19窟南壁立佛（图16）。

第17窟胁侍佛的表现较为特别，东西两壁两尊着"通肩式"佛像，西壁为立佛，东壁则为坐佛，这样的布局不同于其他三窟。东壁佛像是"昙曜五窟"中唯一着"通肩式"且为坐佛的大佛像，佛像结跏趺坐，双手作禅定印，袈裟右上角置于左肩，衣襞雕刻表现同第20窟主尊右侧胁侍，但衣纹表现较为独特，不同于其他几尊佛像的U形衣纹，而是相互交叉勾连。美国学者玛丽特·M.丽将佛像衣纹表现称为褶，形象描述了第17窟左胁侍佛的特殊衣纹：使用了特殊的、宽而偏平的镶嵌褶，附加单的和双的阴线，宽而缓和的平褶显得单调。这种平而断续的镶条，构成了迷宫似的图案。此图案既生动有力度，又注意到了整体的结构❶，本文将这种样式称为"通肩式"C式，是"通肩式"的一种独特表现形式。

进一步将云冈早期佛像所着"通肩式"的三种表现形式列表对比如下（表2）：

图14 │ 图15 │ 图16

图14 云冈第20窟左胁侍着"通肩式"A式

图15 云冈第19窟南壁释迦立像着"通肩式"B式

图16 云冈第17窟胁侍佛着"通肩式"C式

❶ 玛丽特·M.丽著，台建群译：《5世纪中国佛像和北印度、巴基斯坦、阿富汗及中亚塑像的关系》，《敦煌研究》，1992年第1期。

表2 "昙曜五窟"佛像着"通肩式"的几种表现形式

款式类型	"通肩式"A式	"通肩式"B式	"通肩式"C式
衣纹表现	U形交叉	U形	U形衣纹交叉勾连
佛像及所在窟室	20窟左胁侍佛	第19窟释迦立佛 18窟左右胁侍 17窟西壁立佛	17窟东壁坐佛

通过以上比较，云冈早期佛像"通肩式"的衣纹表现形式呈现多样性，在统一中追求变化，学界一般将这种衣纹称为U形衣纹。对于U形衣纹来源，王雨婷以印度早期秣菟罗佛造像和犍陀罗佛造像为例，分别指出坐像和立像中U形纹的不同，认为在犍陀罗艺术中，U形衣纹并没有形成固定的模式，而秣菟罗造像的U形衣纹更为齐整、规律、富于装饰性❶。佛像传入中国后，通肩式佛衣的U形衣纹，既与印度早期佛像的U形衣纹一脉相承，同时表现出时间和地域的差别。早期南方着通肩式佛衣的佛教造像主要分布在长江上游和中下游地区，且以坐像为主，其U形衣纹较为简单，仅以几条衣纹线的刻画来表现衣褶，显然处于佛像制作的模仿阶段。相比而言，北方佛像通肩式佛衣U形衣纹的表现各异，一方面是因为这一时期佛教传入汉地已有几百年的历史，造像工艺技术提高；另一方面是统治者对于佛教的重视，如现藏于美国旧金山亚洲艺术馆的后赵建武四年（338年）金铜坐佛，是现存4世纪以后最早的纪年佛像，也代表了这一时期佛教造像的主流，其通肩式服饰代表了十六国时期金铜佛像服饰的一般特征：袈裟右上角敷搭左肩，衣纹雕刻为U形对称排列，整体表现更加工整，俨然存在由衣纹向图案转变的倾向（图17）。

在佛像东传的西北线上，在北方，新疆地区年代较早的佛像遗址，一般认为在3世纪前后、4世纪出土的佛像中"通肩式"较为多见。4世纪末到5世纪中期，汉地佛像所着通肩式袈裟开始发生变化，U字形衣纹及走向变得复杂起来，佛衣领部从右肩绕过搭于左肩，如北凉石塔佛像所着的通肩式。在稍后的炳灵寺第169窟第7龛佛像中❷，其"通肩式"服饰开始呈现出新的特征，即U形衣纹的表现更加精致，衣薄贴体（图18），追求艺术化的视觉效果，因此被学者认为是受到笈多时期中印度造像风格的影响，而这种造像风格也在北魏太延五年（439年）随着太武帝统一黄河流域后的势力延伸，使河西走廊的佛教及西域文化涌入，北魏太平真君时期的金铜立佛像所着"通肩式"呈现出与炳灵寺第169窟第7龛佛像服饰相同的特征（图19），然二者同时也表现出不同于印度佛像的衣纹特征，即从颈部开始向下扩散，U形衣纹至躯干以下分作两路，在腿部继续表现，显示出对印度佛像服饰"通肩式"的改造。

❶ 王雨婷：《中国早期佛教造像中的U形衣纹》，华东师范大学硕士论文，2015年。

❷ 第169窟是迄今唯一有明确纪年的十六国时期的佛教造像窟，为西秦建弘元年（420年）。

三、云冈早期佛像服饰的仪轨内涵

图17 后赵建武四年（338年）铜佛坐像

图18 炳灵寺第169窟第7龛佛像

图19 北魏太平真君四年（44 年），笵申造佛立像

图17 | 图18 | 图19

对于佛像的认识，要从佛像的外在造型与内在意涵两方面来探讨。因此，在认识佛像服饰特征及形成的基础上，进一步分析其仪轨内涵就显得尤为重要，需结合中国世俗服饰习俗、北魏冠服制度建设及北魏僧人服饰所发生的变革等，在具体的历史语境中进行综合考量，这关系到佛教服饰世俗化的理念及其在佛像服饰中的实践，实质为佛教思想与儒家思想中所共有的礼制因素的调和。

北魏从建立初期，就注重汉地传统经学，如《魏书》对世祖有"以太牢祭孔子"的记载❶，这是因为北魏在晋末经略北方，当其建国，实已相当汉化，因此对于汉魏典章及儒家思想已有相当基础。而在服制建设中，拓跋珪在定都平城后与群臣"定行次，正服色"，确立"从土德，数用五，服尚黄"❷的服饰制度，显示出对汉文化的追求与实践。文成帝时期，虽然服饰制度仍"多参胡制"，但和平元年（460年）始，由于南北双方每年互派使节，南朝先进的社会因素和生活方式包括冠服制度已开始影响北方。涉及佛教方面，这一时期，北方经学之于佛教虽少交互之影响，但"经术俱与佛义俱起俱弘，儒士遂不免与僧徒发生学问上之因缘"❸，其结果是，儒家三礼与佛之戒律均盛行于世，对此，严曜中有"儒家的礼制和佛教的戒律是存在于中国中古社会的两种约束形式"❹，"且长期并存于中国社会之中"❺的论点。

❶《魏书》卷一八一《礼志四》。

❷《魏书》卷一八一《礼志一》。

❸ 汤用彤：《汉魏两晋南北朝佛教史》，北京：商务印书馆，2015年12月，第427页。

❹ 严曜中：《佛教戒律与儒家礼制》，《学术月刊》，2002年9月。

❺ 同上。

北魏在晋代发展了的封建制度的基础上建立了它的统治权，而佛教及佛教艺术，也是在这个封建制度的基础上和封建统治的要求中，得以发展到相当高度❶。在这种背景下，云冈早期佛像势必采取符合儒家礼制思想的造像理念。而事实上，这些理念及内涵也确确实实表现在早期佛像服饰中，集中表现在三个方面：一是佛像组合及不同佛像的服饰表现，以格位及服饰样式体现尊卑及服饰礼仪；二是对"右袒式"的改造，以使其符合中华传统服饰文化背景对人体的审美观念；三是在佛像外层袈裟边缘雕刻具有装饰意味的折带纹图案，体现儒家注重装饰的服饰理念。这些特征表现的实质都是体现封建社会服饰制度中最为重要的"礼"，是儒家服饰礼制的核心所在。

孔子礼制思想"礼之分"的内涵中，最明显的特点是等差性，是具有严格的上下等级、明确的长幼尊卑的秩序规定，按照封建名分，规定每个人应有自己的位置，要求人们循礼而行。"三佛"的造像内容即体现了这种等差性，首先突出中央释迦佛的最高地位，在"人佛合一"的造像宗旨下，便是树立帝王的绝对权威，位于主尊两侧的胁侍佛助释迦教化，为了区别于帝王象征的主尊佛像，其体形规格明显小于主尊，且为立像，尊卑的概念展露无遗。这种概念还通过佛像着装样式展现出来，使服装发挥出其作为精神外化的重要功能。佛教与世俗的结合表现在服饰中，主尊佛像着用于正式场合的"半右袒式"，象征北魏帝王所著的最隆重的礼服，而与主尊佛像形成对照的则是位于其左右两侧的着"通肩式"的胁侍佛像，而这种着装的区分在印度佛像及中国早期佛像服饰中则并无表现。在此，主尊与胁侍服饰的不同亦表明了佛教服饰所具有的等级性，显示出无论是世俗习惯还是佛教律典规定，都强调和突出服饰所具有的"礼之分"的内涵。对此，白化文认为，佛教造像等级森严，服饰穿戴严格而分明❷，这种规定"恰恰与中国古代服饰中所表现的'礼'不谋而合。"❸

佛教服饰文化与中华传统服饰文化形成矛盾的原因之一，在于不同文化背景造成对人体审美观念的巨大差异。作为一种神圣的象征，佛教认同的人体造型美为古天竺人所接受，"佛教弟子视袒身露体为平常事情，和尚披袈裟，多露一肩一背；佛像中佛、菩萨也是衣着简少，成半裸状态的居多。"❹儒家思想对于造像服饰的影响，便是融入儒家对于服饰礼制的观念，如以遮盖取代印度佛像突出人体的暴露。在这样的背景下，北魏时期所发生的僧服的改制，即"偏衫"对僧祇支的取代❺，以

❶ 蔡仪：《云冈石窟的雕刻》，《美术研究》，1992年第4期。

❷ 白化文：《汉化佛教法器与服饰》，北京：中国书籍出版社，第174页。

❸ 同上。

❹ 张志春：《中国服饰文化》（第1卷），北京：中国纺织出版社，2001年。

❺ 有关僧祇支向偏衫的演变，参见费泳《中国佛教艺术中的佛衣样式研究》，北京：中华书局，2012年4月，第73–80页。

适应汉地沙门习俗，这种变革也自然反映在与僧服有着密切关系的佛像服饰上。

儒家思想的传统服饰文化思维，还强调服饰的礼仪功能。儒家创始人孔子提出的"质胜文则野，文胜质则史。文质彬彬，然后君子"[1]以及"君子不可以无饰，不饰无貌，不貌无敬，不敬无礼，无礼不立"[2]，认为服装的装饰是体现礼仪的重要手段，对中华传统服饰思想进程产生了深远影响。对于佛像外层袈裟边缘雕琢精美考究的折带纹，以及在内层僧祇支上雕刻联珠纹，这是印度早期佛像服饰中所没有的，僧人法服也未有规定。文成帝时期，北魏对于礼制的认识已上升至政权建设的高度，《魏书》记载文成帝践位后即下诏："夫为帝王者，必祇奉明灵，显彰仁道，其能惠著生民，济益群品者，虽在古昔，犹序其风烈，是已春秋嘉崇明之礼，祭典载功施之族"，足见文成帝对于"礼"的重视。在此背景下，加之"人佛合一"的造像宗旨，象征帝王的主尊佛像怎么能穿没有任何装饰的袈裟呢？云冈早期佛像服饰在外层袈裟领缘处装饰折带纹（图20～图22），体现出佛教服饰与世俗服饰的结合，实质为佛教思想与儒家思想的结合。

四、结语

佛像服饰存在着仪轨内涵，并通过外在特征表现出来。云冈早期"昙曜五窟"的造像内容以突出释迦地位的"三佛"为主要题材，佛像特征来源多元化，主尊佛像是在犍陀罗——中亚——凉州系佛像中变化而来，同时受到河北地区佛像的影响，着经过改造的"半右袒式"，胁侍佛则属于笈多时代秣菟罗佛像风格，着有着

图20 ｜ 图21 ｜ 图22

图20，图21 云冈第20窟主尊佛像所着"半右袒式"外层袈裟领缘饰折带纹

图22 云冈第20窟左胁侍所着"通肩式"外层袈裟袖缘处饰折带纹

[1]《论语·雍也》。
[2]《孔子集语·劝学》。

不同U形衣纹表现的"通肩式"，两种服饰样式的直接影响均来自凉州及河北地区佛像。在云冈早期佛像服饰的形成过程中，经历了从服饰的自然披着形式到固定样式的演变过程，其发展脉络清晰，最为明显的表现是具有装饰意味的折带纹的形成，尤其是"半右袒式"成为以后风行近百年的北魏佛像服饰的定式，反映出北魏时期造像家对于印度早期佛像民族化改造进程中不断与中国传统文化结合的探索与实践。就其内涵，则反映出北魏社会发展进程中冠服制度建设对佛教服饰的影响，服饰礼制中的等级性与礼仪性的表现尽在其中：主尊着具有礼服性质的"半右袒式"，胁侍着具有常服性质的"通肩式"，半覆右肩、外层袈裟边缘处严整而富有装饰性的折带纹、富于变化表现的U形衣纹等，是北魏服饰制度初建时期对儒家"礼"的追求之于佛像服饰的反映，实质为佛教思想与儒家思想的融合。

丁瑛 / Ding Ying

丁瑛，女，硕士，上海工程技术大学纺织服装学院服装与服饰设计专业教师，研究方向：服饰文化、设计理论与应用研究。参与或主持多项教研教改课题与科研项目，发表学术论文5篇，作为主要完成人参与编写教材2部，主编著作1部。代表作：论文：《分割线在袖型结构变化中的设计与应用》《波浪褶的夸张在服装设计中的表现》《褶结构在礼服造型中的成型研究》，著作：《西方服饰造型艺术表现》。

敦煌壁画晚唐女供养人礼衣大袖形制的美学思想研究

丁瑛

摘要：衣袖形制的演变是服饰造型中重要的部位，晚唐女供养人礼衣大袖具有平顺宽阔、夸张的美感，在传统服饰中具有一定的代表性，且蕴含着深邃的文化意蕴和美学思想。文章采用图像分析及对照法对礼衣大袖的造型特征和功能进行具体分析，从中提炼出礼衣大袖形制所具有的美学思想，为传统服饰的传承与创新提供参考。

关键词：晚唐女供养人；礼衣大袖；美学思想

服饰袖型的演变规律具有展现服饰文化内涵和美学思想的作用，与其他局部造型相比，衣袖更具代表性，可以体现出不同的文化内涵和审美，及时地反映着装流行趋势。唐代服饰艺术中衣袖形制的变化从初唐的小袖到晚唐的大袖，不同袖式交替变更，呈现出丰富多彩的面貌。敦煌壁画晚唐女供养人礼衣大袖采用连身袖的形制，具有夸张的奢华风格特征，对其外部造型以及功能的探究和分析可以更清晰地掌握其背后蕴含的美学思想，从而把握传统服饰创新设计的途径。

一、敦煌壁画晚唐女供养人概述

唐代被赞誉为大唐盛世，繁荣富丽，服饰文化独具特色，在这个特定的历史时期，服饰造型的整体演变趋势与艺术的联系更加紧密，如绘画、书法、音乐、诗歌、舞蹈、文学等，各种艺术形式巧妙地达到通感，致使服饰形成独特的艺术风格和艺术魅力，展现出鲜明的风格特征。唐代女子服饰以开放、华丽著称，样式大多呈现在现存的壁画中。裙、襦、帔等为主要的服饰要素，服饰类型以宫廷服饰，命妇礼服等为主，其中仪礼服饰复杂多变。初唐、盛唐、中唐和晚唐四个阶段服饰风格变化明显，初唐女装窄瘦，风格质朴，盛唐开始服饰样式日趋宽大，大袖裙襦成为风尚，至晚唐达到鼎盛，以夸张的特征形成晚唐时期服饰的新面貌，充分展现出多元、自然、古典、纯净的时尚风貌。

敦煌莫高窟有着丰富的壁画图像资料，唐代服饰文化特征在图像资料中更是得到丰富深入地展现。初唐，盛唐，中唐和晚唐为壁画的四个分期，壁画所表现的晚唐时期女子服饰主要由襦、衫、半臂、裙、帔帛构成。晚唐是唐与五代的过渡阶段，具有承前启后的时代特色，大袖对襟纱罗衫、长裙、披帛为主要服饰。《册府元龟》卷六百八十九之《牧守部·革弊》记录："（李德裕）奏，以妇人长裾大袖，……间阁之间阔四尺，今令阔一尺五寸，"文献记录了晚唐时期女子服饰袖子之肥阔达到四尺。壁画中的唐代女供养人服饰具有一定的代表性，供养人是出资修建石窟造像以供养神佛的信徒，为了表示虔诚信佛，留名后世，在开窟造像时，在窟内画上自己的家族、亲眷和奴婢等人的肖像，这些肖像称为"供养人画像"。供养人画像是敦煌壁画的其中之一，也称功德像，即出资造窟、绘塑佛画像的功德主、窟主及其眷属的供养人画像和出行图。壁画中的女供养人是敦煌地区的贵族，供佛时所着服饰为礼服。女供养人服饰与现实生活紧密相连，不仅代表着当时的社会审美和流行风尚，还着重强调了个人身份与社会地位，并随着时代发展不断变化。壁画中具有许多代表性的女供养人画像，其服饰具有一定的研究价值。

二、礼衣大袖形制的造型特征和功能

袖子指套在人体手臂上的筒状部分，中国传统服饰为连身袖，即衣身与袖是一个整体并没有分割线的袖型，因此常称为"衣袖"。在远古时期衣袖称褎（xiù），包括腋、祛（qū）和袂（mèi）三部分。袂指袖根和袖口之间的部分，为衣袖的主体，唐代汉族服饰的衣袂，均较为宽大；祛指袖头（即袖口）。通常有"小袖"和"大袖"之分，或窄袖、宽袖。便服、常服多用小袖，礼服则多用大袖。

（一）礼衣大袖形制概述

唐代是衣袖的成熟期，从收口小袖到宽博大袖变化丰富且具有特色，礼服盛装大袖衫袖宽往往四尺以上。晚唐时期的贵族女性多着襦裙、帔帛、梳高髻、戴花钗，敦煌壁画中女供养人礼佛形象，着大袖裙襦、帔帛，整体造型华美、色彩艳丽、雍容华贵。以敦煌壁画晚唐时期东壁第9窟女供养人服饰为例，图中女供养人"头梳大髻，广插梳篦及金叶簪钗，穿直领大袖衫，高胸大摆长裙，颈部有丰富的珠宝项链，肩披披帛，穿笏头高头履，手捧供养花，当为礼服。"[1]礼服即花钗礼衣，髻上插花钗九树，上身白色大团花外衣为直领对襟、大袖，袖宽至膝下，宽度一米左右，属于礼衣的一种。大袖襦的领型呈梯形口，领边与裙腰垂直，襦内着对

---

❶ 黄能馥、陈娟娟．中国服装史 [M]．北京：中国旅游出版社，1995 年 4 月第 1 版，第 176 页。

襟衫，下身着大团花纹高腰长裙，裙长拖地。裙腰至乳上，腰头宽大并系带，带长过膝。肩披帔帛，颈部戴珠串项链，穿高头履，手捧供养花（图1）。女供养人位于东壁门顶，服饰整体以色彩、图案、飘带、衣结等作为装饰，构成单纯，造型简洁。贵族妇女的花钗礼衣是唐代后期敦煌壁画中尊贵的贵妇礼服，《资治通鉴》卷第二百九·唐纪二十五有着礼衣和花钗的记载："俄而内侍引烛笼、步障、金缕罗扇自西廊而上，扇后有人衣礼衣，花钗，令与从一对坐……"作为礼佛的服饰，这种服饰和搭配是非常正式的礼衣，常见于晚唐至五代的敦煌壁画中。

礼衣也称礼服，《通典·后周制》记载："诸命秩之服曰公服，其余常服曰私服"。礼服即指在正式场合下所须按照规定穿着的服饰，指礼制规定的服饰，泛指礼节性场合所穿的服饰，是相对于常服而言的服饰。中国古代崇尚"礼"，遵循各种礼制，因此唐代礼服具有更明确的规定，据《旧唐书·舆服志》与《新唐书·舆服志》记载，袆衣、鞠衣、钿钗礼衣、翟衣、礼衣、公服、花钗礼衣、大袖连裳几种礼衣，在形制方面大抵相像。不同之处在于色彩、图案、面料质地以及服饰配饰体现尊卑等级和出席场合的隆重程度。唐代礼衣袖式以宽大的大袖为特色，敦煌壁画中身着礼衣的唐代女供养人形象可以直观看出均以大袖上衣，长裙、帔帛搭配为特色。

早在中国的秦汉时期，礼衣大袖以其极具特色的夸张和庄重感，风行全国。宽袍大袖所体现出来的庄重、严肃、华丽和王者气度，至唐代以更夸张的形式来体现。而至唐和宋之间的五代，大袖礼衣更加夸张和奢华。

（二）造型特征

袖和衣身二者的结合对服饰整体轮廓的塑造产生决定性的影响，传统的袖子采用连身袖形制，其特点是腋下与衣身连顺组合成一体，因此其外观造型、适体性和

图1 敦煌壁画晚唐时期东壁第9窟女供养人服饰

功能性等与装袖截然不同。由于衣身与袖组合的特性，肩端点顺人体肩部自然下垂，模糊结构面，从而圆润柔和，形成自然淳朴的美感。

现代连身袖的肩线与袖身成一定的倾斜角度，符合人体特征的合体造型（图2）。肩线与衣身倾斜度的不同，可形成具有不同造型变化的连身袖（图3）。同时腋下的弧度变化也具有多样性，比如蝙蝠袖，肩袖连接的腋下宽大，弧度近于平直，袖子整体造型如蝙蝠翅膀张开状（图4）。

传统连身袖造型的肩线与袖身无倾斜度而成一条水平线，在平面上呈"⊢]"型，致使前后身片完全相同，因而造型缺乏立体感，具有二维式平坦的特征，着装效果含蓄而具东方风韵。历史上从商周到明清，出现过不同的袖型，早期衣袖宽大通直，略收袖口，有大袖、小袖、直袖、广袖、箭袖、垂胡袖、琵琶袖等不同的袖名称，但无论名称如何变化，都属于连身袖范畴。且大多袖型都是同时存在发展

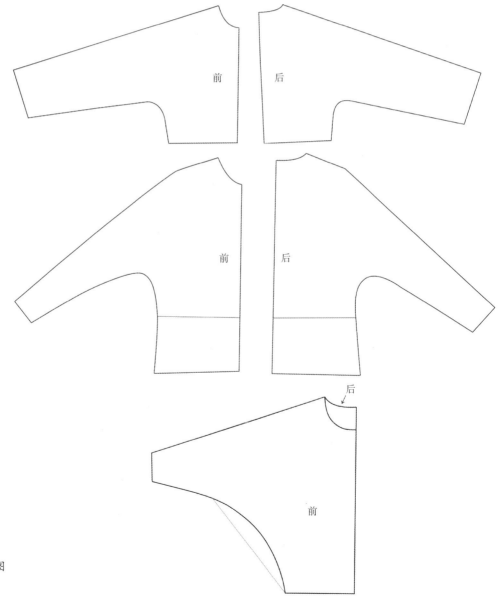

图2

图3

图4

图2　现代基础连身袖结构图

图3　不同肩倾斜度的连身袖结构图

图4　蝙蝠袖结构图

的，只是形状略有差别而已。无论是平放还是展开悬挂，袖子和整个服饰衣身都呈现出一种平面状态，属于宽衣无定型的平面形制。当和人体结合时，袖子会随着手臂的形状和运动而变得立体。而袖型产生的根本原因，都与整体造型有着呼应关系，比如袖身宽广，衣身则相应宽广。

传统服饰的衣袖有小袖和大袖两种，两种袖下又分有几种袖型，比如"窄袖"有直袖、箭袖等，大袖有直袖、广袖、垂胡袖、琵琶袖等。通常来说，宽度30厘米以上为大袖，大袖为不垂胡不收祛，其形制有直线形、弧线形、折线形。魏晋南北朝时期，袖制多变，此时的大袖多不收袖口而宽敞。隋唐初期，社会初兴加上胡风渐盛，服饰以窄袖束口为时尚，唐末五代时期，奢华风兴起，宽广大袖再次盛行，达到最为夸张的境界。宋代崇尚清丽，衣袖以窄袖为主，而大袖更为垂大。元代垂胡式衣袖再次出现，形制与秦汉时期不同，称为琵琶式。明代衣袖无论窄袖或大袖，都以琵琶式为多，而到了清朝，衣袖以直袖、琵琶袖、马蹄袖为主（图5）。

由于在造型上采用连身袖的形式，因此袖子的造型变化只能在腋下、袖身和袖口做处理，比如腋下加深，袖身加大、袖口加大或收小等。从人体活动功能来看，腋下部位的大小都基本是固定的，即便是曳地的大袖，腋的大小也不会过于扩大。晚唐时期的大袖襦多采用对襟，在形制上更为简便。形状上大袖长且宽，袖身先窄后宽，即臂根窄而袖口宽（袖根在30厘米左右，常服在25厘米左右），运用上小下大的连身袖形制，整体平顺宽阔，曲线流畅优美。袖口不收口，大而夸张，且

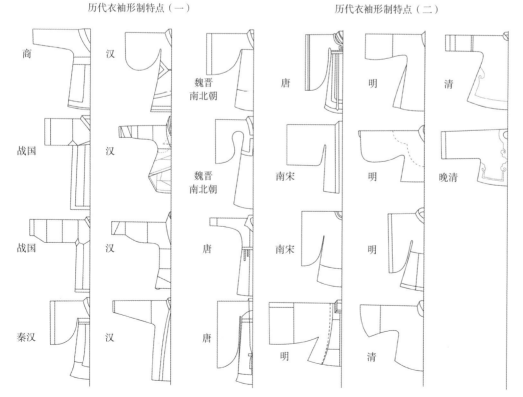

图5 历代不同时期衣袖形制特点

袖口无袖缘，袖宽超过4尺（约1.33米）至膝下，松垂至地形成悬垂飘逸之态，整齐有序，重点突出。袖子的长度覆盖过手背，视觉上给人飘逸又稳重的感觉，有"张袂成阴""挥袂生风"之说，写意性地描绘出圆润的肩和手臂。衣袖局部与衣身整体造型和谐统一，穿着时搭配襦裙、帔帛，整体展现出平衡、自然的古典风貌（图6）。

各朝代的连身袖根据门幅的不同再结合尺寸的大小进行局部的变化和组合，裁剪都采用直线裁剪方法，即十字型平面裁剪，而用来处理造型的结构线大多是直线和对角线。大袖衫也不例外，在裁剪上遵循古老而传统的十字型平面裁剪，具有"十字型、整一性、平面化"❶的特征（图7）。

由于袖口阔大，大袖以人体手臂（大臂到手腕）为造型支点，形成自然舒展垂落的形态（图8），袖身越宽大，悬垂感就越明显。"垂"指自然悬挂状态，体现为东西的一头挂下，具有向下的指示状态，由于重力和地心引力的作用，细长下挂具有往下走且松散自由的特点。与"垂"对立的是"立""挺"，即挺拔，直立。比如西式宫廷羊腿袖（gigot sleeves），上大下小的夸张造型，袖身运用结构的变化，以及运用加垫成型（在袖根部用鲸骨、铁丝作撑垫或用马毛棉絮等作填充材料）的方法，人为地形成肥大膨起的效果，外形立体、挺括，富有三维空间的立体美感。所选用的面料常采用上浆或附加硬衬的方法来增加面料的硬挺度或选用硬质骨感的布料制作，内部再添加支撑材料等使其定型，形成直立挺拔的造型效果。而悬垂大袖则柔软，自然，垂荡，选用绸、缎、罗、纱、丝等柔软、轻盈的丝质织物，展现出

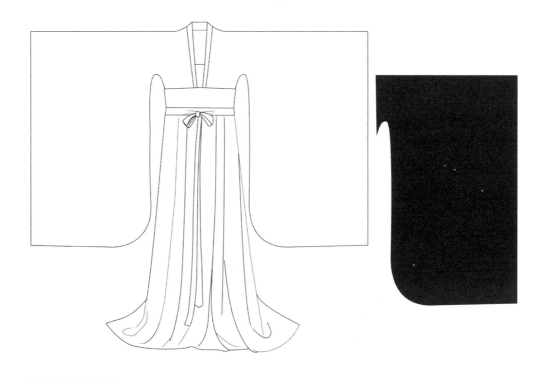

图6　礼衣大袖平面款式图

❶ 刘瑞璞,陈洁静.中华民族服饰结构图考(汉族编)[M].北京:中国纺织出版社,2013年8月第1版,第266页。

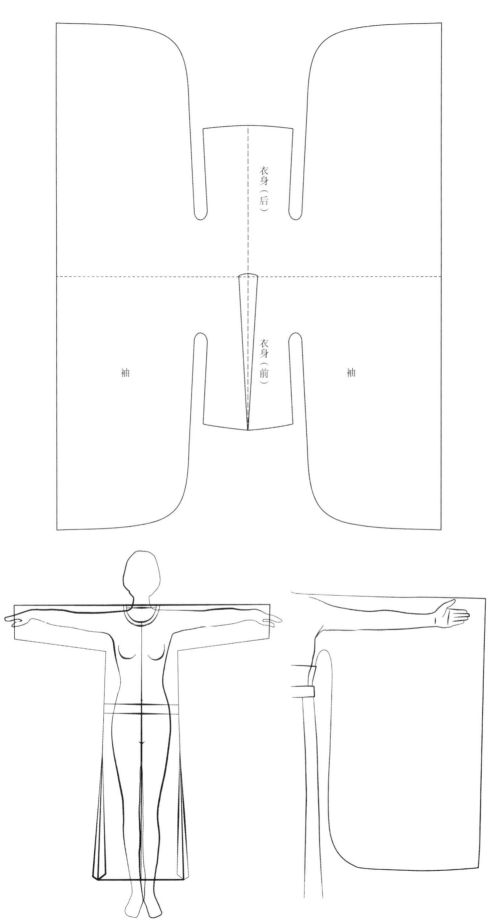

图7　礼衣大袖裁剪结构示意图

图8　以人体手臂为造型支点的□

图7

图8

自然悬垂的优美特征。唐代丝绸的生产加工技术发达，为悬垂松软的服饰造型提供了丰富的材料来源。

在造型方法中形成的"垂"态具体指面料从一头垂落的状态，要达到自然垂落之状，造型主体应当具有两个性质：一是软，二是有支点，大袖垂下的部分是袖身，材质松且软，其支点主要是臂和肘。古代服饰以及许多的配饰都采用悬垂（即下垂）的形式来表现，古籍《尚书·武成》中有"垂拱而天下治"的记述，"垂拱"是垂衣拱手之省略，"垂衣"即衣袖下垂。古诗有"金丝蹙雾红衫薄，银蔓垂花紫带长""促叠蛮鼍引柘枝，卷帘虚帽带交垂""锦堂昼永绣帘垂，立却花骢待出时"等，其中垂花、垂帘、垂珠的记录数不胜数，又如绅带长垂；披帛从后肩向两臂平分下垂，从肩后身向前胸下垂等。披，垂，挂，绕是中国古代服饰常用的造型手法，礼衣大袖以包括肘关节、手腕为因素的人体手臂为支点，以肘部弯曲，手臂水平于大地，双手立掌合抱于胸前的端着姿态形成阔大袖口下垂的造型特征，手臂承托起的大袖，舒展垂落，具有夸张、含蓄、端庄的特点（图9）。

图9　大袖以手臂为支点的舒展垂落

　　悬垂常借助人体的关键部位，以肩、颈、手臂（包括臂、肘、手腕到手指尖）、腰、后背、臀等部位为支点，使布料顺着身体自然垂坠，产生流畅的美感，具有顺畅、自然的古典气息。比如古希腊服饰，以肩部或整个肩、颈、臂上半身为支点，宽大布幅悬垂至地面形成悬垂多褶的空间立体造型，让人体与布料充分融合，实现自然的平衡和优美（图10）。现代礼服和时装常采用的造型支点有肩部、臀两侧、前胸、后背等，垂态主要应用于衣裙下摆，采用轻薄柔软的面料，形成松软、自然、柔美飘逸的设计特点，与堆积、折叠等硬挺造型形成鲜明对比。

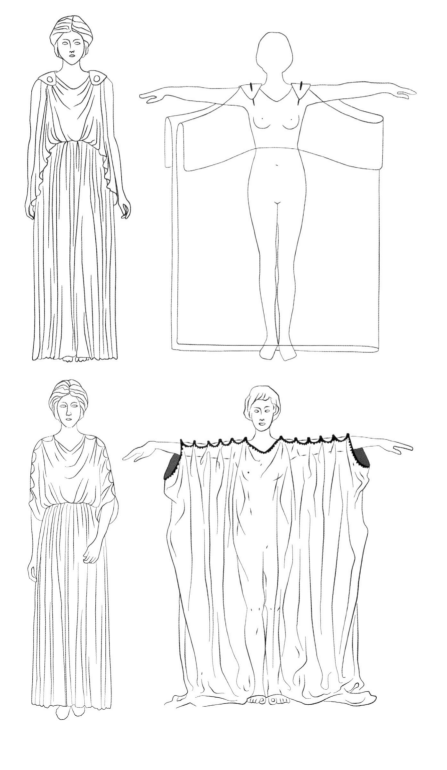

图10　以肩和上半身为造型支点的悬垂

（三）礼衣大袖的功能

在符合服饰的基本功能范围下，中国传统服饰具有更重要的社会礼仪和道德功能，服饰衣袖不仅在造型上要美，而且具有一定的实用功能，承载特定的文化涵义，所以对于服饰整体而言，衣袖显得尤为重要。大袖在功能上主要有礼仪规范作用和服饰道具的传情达意作用。

中国服饰文化是礼仪文化的重要组成部分，古代的衣袖也体现了服饰与礼仪的关系，因此古人的宽袍大袖在礼仪中侧重于显示庄严、稳重之态，以示"谦""恭""敬""尊"等含义。比如古时常见的行礼"敛衽"，指整一整衣袖拜礼的动作。与此同时大袖以手臂为支点，因此袖必和手关联，《释名·释衣服》："袖，由也，手所由出入也。亦言受也，以受手也。"礼衣大袖服饰中可看到手笼于袖内，略见指掌。"垂衣拱手"中拱手即拱手礼，又称作揖，行礼时，左手在前、右手握拳在后，双手互握合于胸前，双腿站直，上身直立或微俯，含、低、下沉，整体体态、重心、动作特征等都显出端庄、庄重的礼仪之态。其次最常见的动作有抱肘，即手臂合抱交于胸际，或双手合掌举袖等，以示恭敬、庄重（图11）。无论是在日常生活、礼仪场合，还是艺术创作中，手臂的表现力是最丰富最优美的部分，具有灵活而支配自如的特点，在传情达意方面也有着极为细腻的表达方式和动人的艺术魅力。然而中国传统服饰将躯体严密包裹，将传情达意的手臂掩藏在大袖内，因此在表现手臂动作时，掩盖手臂动作的"袖"起到关键的作用。手的动作形态能直接体现在袖身上，弱化了手本身的形态特征，而强调起延伸作用的袖。

与此同时，大袖的夸张形态会限制手臂动作的活动范围和动作幅度，一定布幅的宽度造型中地心引力给手和袖带来垂坠感和重量感，由此对人体手臂动作形成一种约束。同时袖的垂坠感和重量感会带动整个身体的重心往前倾，形成整体体态的下垂，达到身心合一的垂感，产生谦卑、恭敬、端庄的礼教含义。类似的有西方文艺复兴时期夸张的拉夫领（ruffle），领子高达耳根，硬挺而巨大的圆形环状架在人的颈部，头无法自由活动，人为制造一种高傲的姿态，塑造出高贵而凛然的贵族气质。而大袖对手臂的限制正好能迫使手部和身体，以一种适合展示服饰和礼仪规范的着装方式来体现出造型的特征，达到基本的礼仪规范作用。

除礼仪规范作用外，大袖在艺术创作上也具有重要的作用，是徒手身韵的延伸，也是舞蹈艺术服饰道具的基础。大袖作为贵族着装奢华的代表，影响到当时的艺术形式，比如歌舞艺术。舞蹈服饰是生活装的升华，唐代创造了特有的舞蹈分类，如歌舞戏、燕乐、健舞、软舞等，不同的舞蹈采用不同的服饰和袖式，健舞的服饰以小袖为多，而软舞的服饰则多用大袖，以表现出婉转、舒展，飘然若仙的姿态，体现出歌舞伎服饰丰富多彩且极具特色的魅力。初唐文物乐舞形象，其上共有三组同样相对而舞的舞人，大袖袖口垂坠，袖中出窄口筒袖（图12），舞女形象衣

图11 大袖在礼仪规范中的作用体现

袖加以艺术夸张，舞袖时而低垂，时而翘起，即诗中所言"双袂齐举鸾凤翔，罗裙飘飘昭仪光""长袖入华裀"。同时所有手臂动作都和袖关联，如双手下垂称垂袖，双手往后背称背袖，两手旁伸称舒袖等，其他如举袖、抖袖、拂袖、扬袖等，体现出"含情独摇手，双袖参差列"的特点。在唐代的宫廷乐舞中，大袖的运用最为鲜明特殊，大袖作为情感的道具具有传情达意、突出戏剧张力、渲染舞台、铺垫气场等重要作用，达到"风袖低昂如有情"的艺术效果。

手臂通过大袖在运用过程中体现蜿蜒流动的情感特质，同时不同袖型对动作也产生影响，悬垂的衣袖通过一定的面积和重力为舞姿增加了古朴拙实的厚重感，独具韵味，放大了舞者的内在情感，起到极其重要的情感渲染作用，也是中国传统艺术中最具特色的部分。夸张的大袖犹如身上长出的两翼（翅膀），似飞燕，轻盈、流动、飘逸，在情感表达上、舞姿的塑造以及艺术理想的传达上都起到重要的作用（图13）。

同时大袖正好能够凸显手部动作的小，因为当手部动作幅度不大且身体运动速度柔缓的情况下，大袖能加深手的垂感，即重量感，并且使手部不会过多地暴露在外。舞者双手从大袖里探出而舞，以袖的"大"、飘逸共同呈现出手的姿态（图14）。

新的生活方式的出现，服饰造型更加重视功能性，手臂活动的范围更加宽泛，因此拖沓冗长的大袖至清朝之后在生活中渐渐消失，如今只有在艺术创作和舞台表演中才能窥见大袖的艺术魅力，以奢华厚重的戏剧化夸张特征展示中华传统文化的特点。

图 12 ｜ 图 13

图 12 唐代乐舞形象中的大袖舞

图 13 大袖和手臂动作的关联

三、礼衣大袖形制所体现的美学思想

造物是一种思维，由于地理环境及文化背景的差异，每个民族都历史性地形成了自身固有的思维方式和审美观念。在创造服饰美的过程中所有形制的形成都凝结着民族独特而丰富的审美心理和思想内涵，流露着民族潜在的精神内蕴。

礼衣大袖形制所展现的东方美学思想主要体现在以下几个方面。

（一）秩序与和谐

美体现在秩序与和谐上。秩序指统一、有组织和有规律，和谐是事物正常运转的原则，协调一致。造物的秩序与和谐是形成美感和产生丰富联想的基础。天地之间万物都有一定的秩序，顺应自然秩序，以达身心和谐的境界。对和谐的追求是传统文化的精髓所在，以人的身心和谐为基础，构建和谐。

礼衣左右严格对称，大袖两侧呼应，宽松平稳，形成端庄、优雅、平衡稳重的形态特征，在审美范畴中，其具有平衡对称、和谐统一的审美价值，体现出传统"中正"的美学原则与"四平八稳"的哲学观念。特征为无肩缝构成的整体，肩袖平直，前后衣身相连，以直线轮廓为主，整体封闭含蓄，呈现把人体严实地包裹起来的封闭保守的平面二维形态，不追求明确的立体几何形态和夸张的人体三维效果，求得自成纹理、和谐统一的二维平面整体，将事物作为一个整体来看待，强调和谐、浑然一体的境界。平面化的构成中包含着传统思想的一元化，"圆"的运动轨迹与艺术思想得到最好的体现，十字裁剪的方法在平衡和圆满上取得最佳的效果。其严谨的程式化，以二维平面意识为特征来完成服饰形态的构造，达到秩序与和谐的审美追求。

（二）悬垂的优美

从外形特征来看，中国传统服饰常用下垂的线条来体现服饰形态整体的特征，摇曳垂落而如柳枝来展现传统文化的审美。如宽长的袖，拖曳的襦裙、披挂的帔帛等，整体风格柔软舒展，具有柔和恬静的美感。使用柔软、垂坠、轻盈的丝质面料，同时最大限度地保持其材质特性，顺应人体自然悬垂。穿着时，重心下陷，低目额首，体态内收，以"垂首""低目""含身"等为标准，整个身体形成内收的圆形垂态，柔和圆满，完整呈现"垂"感。下垂的造型姿态具有柔和自然、圆润而模糊结构面、无棱角的平面化线性形态特征，整体展现出含蓄柔韧的气韵美，具有典型的东方审美特质，体现出中国文化独特的美学思想。

大袖以长而下垂为美，自然悬挂的"垂"态特点突出，垂背后引申的含义有厚重、踏实、顺从、恭敬、礼让等，独特的"垂"感承载着民族审美文化中的厚重感。与此对立的是往上的直立，人为加垫成型的立体扩张感，具有外放、开明、夸张耀眼的特征，服饰形成直立挺括、见棱见角的立体几何化外观特征，造型僵直而锐利。由此形成悬垂的自然软性美学区别于人为硬挺的塑型美学。

悬垂具有优美柔软的造型特色，以顺应人体自然状态特征，宽松随意、自然下垂，不紧束，也不松垮，人体的起伏在服饰映衬下若隐若现。服饰造型自然优雅、随意舒展，具有自然、飘逸、淳朴的特征，显示出东方婉约和典雅的独特气韵，它所蕴涵的古典美学精神，所遵循的自然美学法则最为动人。

（三）艺术与自然的连接

美感决定着艺术表现的方式，决定着艺术实体的个性和特质。大自然作为人生活的环境，是中国古代艺术精神的审美之源，自然万物影响着艺术表现方式的形成和发展，以自然为主题的艺术创作数不胜数，服饰、自然和艺术紧密相连。唐代服饰的发展深受绘画、诗词、文学和音乐的影响，带有浓厚的诗情画意色彩。以自然为主题的创作思想使自然之气韵在书法、绘画、诗词、音乐、服饰等方面表现突出。

礼衣大袖平顺宽阔，忽略人体本有结构的复杂性，以宽大平面的形式，依附于人体手臂的支撑顺人体肩臂自然下垂，柔和圆润，清丽婉约，纤巧优美，完成无生命的自然之物与生命体的完美结合。同时以自然材质为主，不刻意修饰或人工雕琢及刻意堆砌等，整体突出本然、天然的质朴，如杨柳般摇曳垂落，似诗词般韵律纵横、如婉转流畅的琵琶，似高山流水的闲适等，体现出艺术与自然的连接。任自然之原貌，尊崇自然恬静淡雅的趣味、浪漫飘逸的风度和朴实无华的气韵。

自然是艺术永恒的主题，代表人精神的回望与归依。宽松柔软、自然淳朴的软性美学服饰能让人真切地感受到自然本真的原始面貌，净化心灵，返璞归真，促进人与自然建立本源性的和谐关系，从而增强环境生态意识。在快节奏的当下让浮躁的心态趋于平静，寻找到生命本源的乐趣。

四、结语

综上所述，晚唐女供养人礼衣大袖在造型和功能上都具有显著的特征，体现出鲜明的美学思想。通过对其梳理和分析，于细微处见本真，从当下的审美观和思维角度来观照和思考，得出形式是变化无穷的，然而思想却永存。构成单纯、内敛含蓄、悬垂柔软、根植于自然的古典美学精神、丰富而深邃的思想内涵始终是创新的根本。新的时代，要找到新的情感的支点，以贴近现代人的审美需求和着装习惯，进行传承和创新。

参考文献

[1]沈从文.中国古代服饰研究[M].上海：上海书店出版社，2011，7.

[2] 褚雪菲.中国古代舞蹈中“垂手动作”的形态研究[D]. 北京：北京舞蹈学院，2018，6.

[3]曹喆.以敦煌壁画为主要材料的唐代服饰史研究[D].上海：东华大学，2008，3.

[4]彭志.唐代士人身份与舞蹈诗关系探析[J].北京：北京舞蹈学院学报，2018（3）：27–33.

[5]JohnPeacock.The Chronicle of Western Costume [M]. New York：Thames & Hudson Ltd，2003，9.

[6]胥筝筝.唐代汉族女子衣袖款式及特点[J].丝绸，2015（8）：41–45.

[7]全唐诗编委会．全唐诗[M].上海：上海古籍出版社，1986，10：1.

陆一 / Lu Yi

1994年2月10日生于江苏省盐城市。本科毕业于南京艺术学院中国画专业，硕士研究生就读于北京服装学院艺术学理论专业。曾于2015年获江苏高校学生境外学习政府奖学金，赴英国爱丁堡大学完成艺术与文化课程学习。硕士毕业先后任职于浙江大学中国古代书画研究中心、盐城市书画院，参与国家重大文化项目"中国历代绘画大系"中"明画全集"（早期文人卷）、"清画全集"（恽寿平与常州画派卷、金石画风卷、清宫廷卷等）的编纂出版。于2020年进入中国美术学院攻读设计学博士学位。于《中国美术报》《大众考古》《文物鉴定与鉴赏》等国家级、省级重点刊物发表多篇学术论文：《北朝时期邺城造像服饰与僧衣》《冒襄背后的画中两女史》《北朝青州及其他地区佛教造像的彩绘问题》《北朝邺城造像基座上"香炉"形制及组合问题》等。

高齐响堂山及曲阳造像上的佛衣类型分析

陆一

摘要：高齐王朝国祚短暂，但仍是隋唐一统局面出现前的重要时期，在动荡的格局中文化的交流，各地之间的人员往来也许并没有诉诸文字，但反映在艺术上的继承与相似性，或可成为此时期的无证之史。随着佛教艺术研究的推进，佛衣类型及塑造风格也逐渐得到关注。本文旨于推进、补充既有造像上的佛衣样式研究，对皇家石窟响堂山、曲阳修德寺等地造像，进行整体的佛衣样式辨别、归类。

关键词：北朝；响堂山；曲阳；佛衣

一、响堂山石窟

响堂山石窟位于今河北省邯郸市峰峰矿区，"在故邺之西北也"[1]，南北响堂山石窟均开凿于北朝末期，"自神武迁邺之后，因山上下并建伽蓝，或樵采陵夷，或工匠穷凿"[2]。对于石窟的研究在20世纪初便已经开始，早期对响堂山石窟进行调查并有一定文字记述的有顾燮光[3]、长广敏雄、水野清一[4]、刘敦桢等人。关于响堂山石窟开凿年代及分期进行讨论的学者主要有赵立春[5]、刘东光[6]、李裕群[7]等。而对于石窟造像上的佛衣样式进行研究的主要还是费泳[8]与陈悦新[9]，其中陈悦新用考古类型学的方法进行了大体的分类汇总，但未涉及佛衣雕刻的表现。故而笔者将尽可能同

[1] [唐]道宣.续高僧传[M].北京:中华书局,2014:1000.

[2] 同上。

[3] 顾燮光.河朔访古新录[M].民国排印本.

[4] [日]长广敏雄、水野清一.响堂山石窟:河北河南省境内北齐时代的石窟寺院[M].京都:东方文化学院京都研究所出版,1937年.

[5] 赵立春.从文献资料论响堂山石窟开凿的年代[J].文物春秋,2002(2):30.

[6] 刘东光.试论北响堂山石窟的凿建年代及性质[J].世界宗教研究,1997(4):76.

[7] 李裕群.邺城地区的石窟与刻经[J].考古学报,1997(4).

[8] 费泳.中国佛教艺术中的佛衣样式研究[M].北京:中华书局,2012:304-380.

[9] 陈悦新.响堂山石窟的佛衣类型[J].华夏考古,2014(1):114-120.

时放置原造像的图片与线图，以便全面观察。

（一）第一期（东魏末年）

本文将采用赵立春对于响堂山石窟北朝诸窟龛的分期[1]：第一期，东魏末年（北洞、中洞、南响堂东侧摩崖龛）；第二期，北齐初至天统四年（568年）以前（南洞、第七窟）；第三期，天统元年至武平四年（565～573年）（南响堂第1～6窟）[2]。对于南北响堂山各洞窟的编号及论述，本文将采用邯郸峰峰矿区文保所的最新编号。响堂山石窟内存在很多早期佛像经后期朝代的重妆补塑现象，这些也是需要辨认区分的。第一期北洞（现编为北响堂第9窟）、中洞（北响堂第4窟）造像，如表1所示[3]。

表1 第一期北洞（现编为北响堂第9窟）、中洞（北响堂第4窟）造像

位置	第9窟正壁	第9窟中心塔柱右侧（北）壁	第9窟中心塔柱左侧（南）壁	第4窟中心柱正面
序列号	1	2	3	4
造像				
线图				
佛衣类型	"通肩式	"通肩式"	"半披式"与"敷搭双肩下垂式"融合	"通肩式"
衣纹处理	类似减地，衣纹从一肩部垂下至腹部再到另一肩多层表现，稠密遍布全身	同第9窟正壁坐佛	类似减低雕刻，衣缘部分（如半披右肩、僧祇支边缘）突起强调，右臂衣纹简洁，用双线表示	同第9窟正壁坐佛

第9窟在学术界也有一种说法为高欢陵藏，是当时最高统治阶层所营建[4]。故而造像上的佛衣样式应是正统且不违律典，庄严气派观之肃穆。"通肩式"大衣在第一期洞窟造像上多次出现似乎也印证了其作为印度而来的传统佛衣在汉地的正统感，整体造型给人一种肩宽体壮，袈裟厚重之感。

---

❶ 赵立春. 响堂山石窟的编号说明及内容简录 [J]. 文物春秋,2000(5):62-68.

❷ 赵立春. 响堂山石窟概说 [M]. 赵立春主编. 河北响堂山石窟 [M]. 重庆:重庆出版社,2000:1.

❸ 表中序号为1、4的造像图来自赵立春主编. 河北响堂山石窟 [M]. 重庆:重庆出版社,2000 年:1、8. 表中序号为2、3的造像图来自李崇峰. 佛教考古:从印度到中国 [M]. 上海:上海古籍出版社,2015:358. 表中线图来自陈悦新. 响堂山石窟的佛衣类型 [J]. 华夏考古,2014(1):115、116.

❹ 李崇峰. 佛教考古:从印度到中国 [M]. 上海:上海古籍出版社,2015:358-363.

（二）第二期（550~568年）

第二期，南洞（北响堂第三窟），窟外有一块《唐邕写经碑》是本窟又名刻经洞的原因，刻经时间为北齐天统四年至武平三年（568~572年）❶，这也成为判断洞窟年代的重要材料。主龛主尊（图1-1、图1-2）与右壁大龛主尊（图1-3、图1-4）上的佛衣均为"敷搭双肩下垂式"，且外层袈裟的右衣角敷搭于左前臂，但也应做"右袒"的穿着。中间的袈裟敷搭双肩下垂，右衣角覆于右前臂。右壁主尊衣纹雕刻采用阴线平行双刻表示，佛衣贴体但看来并不透薄，层数分明。

南响堂第七窟（千佛洞）被赵立春列入第二期洞窟的原因，是在对比了第七窟与北响堂第三窟作为塔形窟的塔顶部分、洞窟规模与造像风格之后❷。第七窟正壁主龛主尊（图2-1、图2-2）与左龛主尊（图2-3、图2-4）虽在坐姿上不同但佛衣的穿着均采用"敷搭双肩下垂式"，外层大衣右衣角应该是置于肩上（因为造像本身原因，或观察存误）。两尊像的佛衣雕凿风格一致，衣纹简洁，刻出类似"领口"的衣缘，类似减地，用突出部分表现从内向外穿着袈裟的层次感。

在第二期两窟的主尊造像中，均着"敷搭双肩下垂式"袈裟，不同之处应该在于外层大衣右衣角放置位置的区别。第三窟中外层袈裟右衣角置于右前臂的方式与"褒衣博带式"外层佛衣穿着方式类似。在雕刻方面则是表现衣物的层次感，衣纹简洁。与第一期相较，明显衣纹趋于简洁化，肩部变窄且齐挺。

图1-1	图1-2	图1-3	图1-4
图2-1	图2-2	图2-3	图2-4

图1-1 北响堂第3窟主龛主尊

图1-2 北响堂第3窟主龛主尊线图

图1-3 北响堂第3窟右壁主尊

图1-4 北响堂第3窟右壁主尊线图①

图2-1 南响堂第7窟主龛主尊

图2-2 南响堂第7窟主龛主尊线图

图2-3 南响堂第7窟左龛主尊

图2-4 南响堂第7窟左龛主尊线图②

① 图1-1、图1-3，来自徐亚平主编.中国成语典故之都:邯郸[M].石家庄:河北美术出版社,2006:183.图1-2、图1-4,来自陈悦新.响堂山石窟的佛衣类型[J].华夏考古,2014(1):115-116.

② 图2-1、图2-3,来自叶书苑摄于响堂山石窟.图2-2,来自赵立春.响堂山北齐塔形窟述论[J].敦煌研究,1993(2):图版6.图2-4来自陈悦新.响堂山石窟的佛衣类型[J].华夏考古,2014(1):115-116.

---

❶ 赵立春.响堂山石窟的编号说明及内容简录[J].文物春秋,2000(5):63.

❷ 赵立春.响堂山北齐塔形窟述论[J].敦煌研究,1993(2):37-44.

（三）第三期（565～577年）

第三期的代表石窟为南响堂第1、4、5窟。其中南响堂第1窟中心柱正龛主尊释迦佛（图3-1、图3-2）、主室后壁北侧上龛内一佛二菩萨三尊像主尊（图3-3）佛衣均作"敷搭双肩下垂式"穿着，且可见身体左半部分第二层衣的边缘部分夹于僧祇支与外层大衣间。图3-1可见腹部处雕连接一起依次遮挡的短半圆，应该为僧祇支上的带结。双臂的衣纹用突出的单线表示。图3-3双臂上的衣纹也为单线。

主室北壁上部西起的小龛第2龛、第3龛、第4龛主尊（图3-4、图3-5、图3-6）均为石灰岩材质，也均作"敷搭双肩下垂式"佛衣。第2龛主尊只刻出了第二层衣右半部分来覆盖右肩右臂和最外层大衣，周身无明显衣纹。三龛中只有第3龛主尊表示出了第二层上衣，周身无明显衣纹。第4龛主尊腹部处刻类似于图3-1中的半圆状（仅两片）带结，双臂处的衣纹采用阴刻单线。

现藏于峰峰矿区文管所的东壁坐佛（图4）残像，仍可看出"敷搭双肩下垂式"中的第二层上衣右衣角覆右肩臂自然下垂露于最外。衣纹简洁作单线略凸起。塑造的体型自然，双肩圆润。

南响堂第5窟正壁主尊（图5-1、图5-2）、南壁左龛主尊（图5-3、图5-4）、右龛主尊（图5-5、图5-6）三尊像在体型和雕凿风格上可以说非常相似，均作"敷搭双肩下垂式"佛衣，在左肩向下可见第二层上衣边缘。正壁与右龛主尊腹部处有同图3-6类似的带结。比较特别的是左右龛主尊自腿部向下作两层有褶皱衣

图3-1	图3-2	图3-3
图3-4	图3-5	图3-6

图3-1　南响堂第1窟中心柱正龛主尊释迦佛

图3-2　南响堂第1窟中心柱正龛主尊释迦佛线图[①]

图3-3　南响堂第1窟主室后壁北侧龛主尊

图3-4　北壁上部西起第2龛主尊

图3-5　北壁上部西起第3龛主尊

图3-6　北壁上部西起第4龛主尊[②]

① 图3-1，来自赵立春主编.河北响堂山石窟[M].重庆：重庆出版社，2000，封底．图3-2，来自陈悦新.响堂山石窟的佛衣类型[J].华夏考古，2014(1)：115-116.

② 图3-3至图3-6来自陈传席.雕塑卷　响堂山　中国佛教美术全集[M].天津：天津人民美术出版社，2014：36-40.

图4　南响堂第4窟东壁坐佛①

图5-1　南响堂第5窟正壁主尊

图5-2　南响堂第5窟正壁主尊线图

图5-3　南响堂第5窟左龛主尊

图5-4　南响堂第5窟左龛主尊线图

图5-5　南响堂第5窟右龛主尊

图5-6　南响堂第5窟右龛主尊线图②

	图4	
图5-1	图5-2	图5-3
图5-4	图5-5	图5-6

① 图4来自张林堂,孙迪编著. 响堂山石窟流失海外石刻造像研究 英汉文本 [M]. 北京:外文出版社,2004:37.

② 图5-1、图5-5来自叶书苑摄于响堂山石窟. 图5-2、图5-4、图5-6来自陈悦新. 响堂山石窟的佛衣类型 [J]. 华夏考古,2014(1):116. 图5-3来自陈传席. 中国佛教美术全集(雕塑卷):响堂山石窟 [M]. 天津:天津人民美术出版社,2014:98.

摆,皆覆满双腿后垂下基座。这种圆弧连续式的衣襬也在东魏时期邺城造像衣摆上出现过。三躯造像为石灰岩材质,通身未见明显衣纹(也可能因为年久磨损消失)。

　　现被英国维多利亚及艾尔伯特博物馆收藏的响堂山石窟坐佛像(图6),保存完好,未知其具体遗失于哪一窟。应着"敷搭双肩下垂式"佛衣(因为图片原因,右衣角位置暂存疑),可见第二层衣缘于身体左侧,在僧祇支与外层袈裟间。胸腹部有两相连椭圆状突起部分且下刻两带,应为"带结"。周身衣纹阴刻平行双线表示,腿部衣纹也如是。覆盖双腿垂下的衣摆覆基座但不长,稍刻扁弧衣褶,仍可辨别出有两层。

图6 北齐，响堂山石窟坐佛像，英国维多利亚及艾尔伯特博物馆藏①

① 图6，来自陈儒斌. 流散后的聚首与飘零 – 河北响堂山石窟像美国巡回展 [J]. 收藏，2013(3)：122.

水浴寺石窟位于鼓山东坡，又称作"小响堂"，寺旁有两座石窟，两处摩崖造像。并在西窟发现了"武平三年"纪年刻铭，故而推断水浴寺石窟凿于北齐武平初年（569年），而西窟也是水浴寺石窟规模最大、内容最丰富的洞窟，可与响堂山一并考察在北齐盛行的佛教艺术。水浴寺石窟西区、东区及部分小龛后经隋、唐、宋代仍有雕凿❶。已有《邯郸鼓山水浴寺石窟调查报告》发表可供参考其貌，但对于水浴寺的专项细节研究目前开展的仍较少。

水浴寺西窟中心柱正面龛主尊（图7-1、图7-2）、中心柱东面龛主尊（图7-3、图7-4）、中心柱西面龛主尊（图7-5、图7-6）与响堂山第三期的南响堂诸窟的佛衣相似均作"敷搭双肩下垂式"，第二层上衣右半部分敷搭右肩臂自然下垂，露在最外侧。从外层袈裟的衣纹看，左衣角覆于左肩。塔柱东面龛主尊胸腹部可见带结。在石质造像的基础上，采用阴线单刻衣纹，强调出三层大衣的长条形衣缘，在胸腹处作"领口"状（也与南响堂诸窟类似）。整体造型自然趋向写实，不追求厚重或是清秀修长。

在西窟后壁定光佛（图7-7、图7-8）（阿育王施土因缘故事）则是作"通肩式"大衣的立像。周身衣纹作阴线单刻从一臂顺着身体曲线至另一臂，就现在保存的状况仅可见两条衣纹，衣摆并无褶皱。

且值得一提的是，在西窟窟门西侧僧俗礼佛图的第一僧像旁有铭文："昭玄大统定禅师供养佛"（图7-9）。李崇峰认为其穿着方式应为上衣披覆双肩，最外层袈裟作右坦式穿着的"敷搭双肩下垂式"，并推测这位禅师便是北齐昭玄大统神定，为高齐末期宗教权力极大的僧官❷。

❶ 邯郸市文物保管所. 邯郸鼓山水浴寺石窟调查报告 [J]. 文物，1987(4)：1-23.

❷ 李崇峰. 佛教考古：从印度到中国 [M]. 上海：上海古籍出版社，2015：365-376.

图7-1 水浴寺西窟中心柱正面〔
主尊

图7-2 水浴寺西窟中心柱正面〔
主尊线图

图7-3 水浴寺西窟中心柱东面〔
主尊

图7-4 水浴寺西窟中心柱东面〔
主尊线图

图7-5 水浴寺西窟中心柱西面〔
主尊

图7-6 水浴寺西窟中心柱西面〔
主尊线图

图7-7 水浴寺西窟后壁定光佛

图7-8 水浴寺西窟后壁定光佛
线图

图7-9 昭玄大统定禅师造像及其
铭拓片 ①

| 图7-1 | 图7-2 | 图7-3 | 图7-4 | 图7-5 |
| 图7-6 | 图7-7 | 图7-8 | 图7-9 |

① 图7-1、图7-7,来自罗世平编
世界佛教美术图说大典[M].湖
南:湖南美术出版社有限责任
公司,2017:324-327. 图7-2~
图7-9,来自邯郸市文物保管
所.邯郸鼓山水浴寺石窟调查
报告[J].文物,1987(4):5-23
图版1.

二、曲阳地区

河北曲阳修德寺遗址出土的一大批白石造像可以说是研究北朝至唐佛教造像的重要材料,并一直受到学界广泛关注。北齐时期的曲阳县在现在的河北曲阳县西,属于定州。❶自1955年清理工作简报与发掘记发表后,也出现了对于曲阳造像艺术风格及来源、铭文等方面分析研究的论著。对于曲阳白石造像的分期,冯贺军总结杨伯达、李静杰、田军等人的观点,认为应分为四个阶段,前三期造像时间分别为:北魏晚期至东魏早期即神龟三年至天平四年(520~537年)、东魏晚期至北齐早期即元象元年至天保十年(538~559年)、北齐晚期至隋朝即乾明元年至大业十四年(560~618年)❷。笔者认同此分期时间,下文也将就前三期的典型造像按时间排列对比以得出北魏晚期至北齐(550~577年)的曲阳白石造像上佛衣样式流行趋势与雕刻手法的变化。

(一)北魏晚期至东魏早期(520~537年)

第一期的造像佛衣样式大多为"褒衣博带式",最外层的袈裟右领襟敷搭在左前臂。造像在雕刻方式与衣纹的处理上虽会有个别自身的特点,但至东魏早期曲阳白石造像佛衣上的衣纹表现确实出现了与前期不同的变化趋势,如表2所示。

❶ 施和金.北齐地理志 上[M].北京:中华书局,2008:44.

❷ 冯贺军.曲阳白石造像研究[M].北京:紫禁城出版社,2005:9-22.

表2　曲阳北魏晚期至东魏早期"褒衣博带式"佛衣 ❶

序列号	坐/立	编号	年代	造像	雕刻特点	备注
1	坐像	新40841	北魏		衣纹线条深刻，作层层加叠感。自双臂垂下衣纹竖条平行。腿部被一层上衣椭圆形衣物覆盖，再作三层繁复帘状衣摆覆满基座	
2	坐像	新42924	北魏正光元年（520年）		双臂衣纹刀法深刻，至腹部变弱。胸腹部外露带结，应制于第二层袈裟对襟处，结下刻两半椭圆凸起（因系带所鼓的衣物）。作三层末端折叠衣摆，露脚	
3	立像	新40051	北魏正光元年（520年）		腹部下衣纹凸起平行垂下，刀法深刻。似原上衣衣摆外仅作一层下摆，露脚	弥勒佛像
4	坐像	新42928	北魏孝昌三年（527年）		刀法深刻凹凸相间作上臂衣纹，下臂作竖状平行衣纹。自腿以下作三层衣物覆满基座，衣褶平行竖条	此像着佛装，铭文中记："造观世音像"

❶ 表2中序列号为1~3、5、7~11的图，来自故宫博物院.故宫博物院藏品大系:雕塑编7河北曲阳修德寺遗址出土佛教造像[M].北京:紫禁城出版社.2009.序列号为4的图，来自王磊.伽蓝遗珍–故宫博物院藏河北曲阳修德寺佛教造像[J].荣宝斋,2016(12):71.序列号为6的图，来自黄阳兴.玉石梵像——曲阳修德寺遗址出土北朝隋唐佛教造像之考察[J].荣宝斋,2015(4):62.

序列号	坐/立	编号	年代	造像	雕刻特点	备注
5	坐像	新 42239	北魏真王五年（528年）		除最下一层衣摆长度变短外，其他同上	弥勒佛像
6	立像		北魏		双肩上臂衣纹作微凸叠加感。除上衣衣摆外作一两层下摆，且长度变短	河北博物院藏
7	立像	新 40068	东魏天平三年（536年）		同序列号2北魏正光元年（520年）坐像的雕刻特点	
8	坐像	新 42925	东魏天平四年（537年）		双肩上臂衣纹作微凸叠加感。自腿部垂下的三层衣摆竖纹刀刻深度变浅	释迦佛
9	坐像	新 42913	东魏		衣纹阴线刻，基座上可见浅雕凸出衣摆四层	白石弥勒佛像

续表

序列号	坐/立	编号	年代	造像	雕刻特点	备注
10	立像	新42944	东魏		带结下方有因系带而皱起得衣物凸起部分。身体比例自然，衣纹平行作凹凸相间刻出	
11	立像	新40293	东魏		覆于双腿的衣摆有两层，从右侧可见从外层袈裟下有一层斜出的竖刻衣物。衣纹雕刻方式同上一尊	

从北魏晚期至东魏早期，曲阳白石佛像的面部从开始的方硕渐渐变短、圆润，但因为褶纹积叠，衣摆多层且长，显得造像整体质感厚重。

（二）东魏晚期至北齐早期（538~559年）

东魏前期与晚期的曲阳造像存在雕刻风格上的差异，此观点被学界大多数人认可，东魏晚期也是形成北齐造像精简自然的风格前的过渡时期，如表3所示❶。

表3　曲阳东魏晚期至北齐早期"褒衣博带式"佛衣

序列号	坐/立	编号	年代	造像	雕刻特点	备注
1	坐像	新42931	东魏兴和三年（541年）		双身佛像造型比例略显身小，佛衣雕刻方式一致。双臂衣纹阴刻平行双线，双腿衣纹阴刻单线，垂下的三层重叠衣摆覆满基座	释迦多宝佛像

❶ 表3中序列号为1~7的图，来自故宫博物院．故宫博物院藏品大系：雕塑编7 河北曲阳修德寺遗址出土佛教造像 [M]．北京：紫禁城出版社，2009．序列号为8、9的图，作者自摄于中国国家博物馆．

序列号	坐/立	编号	年代	造像	雕刻特点	备注
2	坐像	新42933	东魏武定四年（546年）		自肩始第一条衣纹阴刻单线，其下为平行双线。腹部垂下衣襞阴刻单线	释迦多宝佛像
3	坐像	新39942	东魏武定五年（547年）		双臂上的衣纹阴刻平行双线，左侧佛像的腹部衣纹细线凸起。三层衣摆垂下	白石双佛像
4	立像	新42905	东魏		上衣所搭的双肘处，衣物外斜，相互重叠，由短及长。双臂上的衣纹阴刻平行双线，仍可见刀刻所致的凹凸感。腹部垂下的衣纹也作阴刻平行双线。外层袈裟下摆加长，其下两层帘状衣物	
5	立像	新42874	东魏		同上	

续表

序列号	坐/立	编号	年代	造像	雕刻特点	备注
6	立像	新40405	东魏		胸腹部带结可见表缠绕的阴刻线条，双臂上的衣纹阴刻平行双线。衣纹减少且间距变大，双臂处仅作两条，自腹部垂下仅作三条衣纹	
7	立像	新40292	北齐		双臂上的衣纹阴刻平行双线，自腹部垂下的衣纹等距多层。外层袈裟下摆加长，其下仅有一层帘状衣物	一佛二胁侍菩萨主尊
8	立像		北齐		同上	国家博物馆藏
9	坐像		北齐		胸前带结消失，衣纹阴刻平行双线。基座上衣摆多层成片，但末端呈衣纹阴刻平行双线加褶皱的形状	白石释迦多宝佛像，国家博物馆藏

作为过渡时期的第二期，已可见双勾阴线纹或独立存在或间于凹凸的刀刻内，衣纹已有变少的明显趋势。原先多层羊肠迂曲折叠的底边也逐渐简单化❶，层数也开始变少。除了典型的"褒衣博带式"佛衣，还出现了穿着方式改变了的"褒衣博带演化式"与"敷搭双肩下垂式"佛衣，与之相配的雕刻方式也出现了进一步的变化，如表4所示❷。

表4　曲阳北齐早期除"褒衣博带式"样式外的佛衣

序列号	坐/立	编号	年代	造像	雕刻特点	备注
1	坐像	新42243	北齐天保六年（555年）		"褒衣博带演化式"佛衣，无带结，可在胸腹部"衣领"处见多条阴线刻表示多层上衣。阴刻平行双线衣纹，中间细条凸起，从一肩经腹部至身另一侧。腿部斜刻衣纹亦作阴刻双线，强调衣缘。垂满基座三层下摆（可见上衣摆两层，下衣摆一层）	无量寿佛像
2	坐像	新40888			"褒衣博带演化式"佛衣，有带结，衣纹雕刻同上。自腿部垂下衣摆仅为一层，长度恰好	
3	坐像	新40186	天保七年（556年）		"褒衣博带式"佛衣，无带结，可见明显外层袈裟绕右臂下搭于左前臂，覆盖膝盖及右腿，膝盖处作同心圆形阴线刻	弥勒佛像

❶ 范登.曲阳修德寺遗址石造像出土三十周年有感[J].故宫博物院院刊,1984(4):43-46.
❷ 表4中序列号为1~4的图，来自故宫博物院.故宫博物院藏品大系:雕塑编7 河北曲阳修德寺遗址出土佛教造像[M].北京:紫禁城出版社,2009.

续表

序列号	坐/立	编号	年代	造像	雕刻特点	备注
4	坐像	新40055	天保十年（559年）		在两像身体右半部分依稀见第二层上衣垂直于作"右袒式"的外层袈裟内，故推测整体佛衣穿着为"敷搭双肩下垂式"。左臂衣纹单刻阴线，腿部衣纹双线阴刻。一层衣摆覆于基座	释迦多宝佛像

（三）北齐晚期（560~577年）

承继北齐前期继续改变的北齐晚期曲阳造像上开始出现多样的佛衣类型，整体造型愈加追求写实与自然，在佛衣的建造上也逐渐稳定统一为阴刻单、双线，或仅强调身体转折与衣缘，周身不做雕刻表示贴体衣物的存在。冗长多层衣摆除了偶尔在"褒衣博带演化式"中出现外，在此时期近乎消失。

1. "敷搭双肩下垂式"

北齐太宁二年（562年）白石释迦多宝佛右尊（新40399，图8-1）、河清四年（565年）白石双佛像（新40062，图8-2）、武平四年（573年）白石佛像（新40070，图8-3）。在图8-1、图8-3中最外层作右袒方式的佛衣雕刻时均有强调在左肩上有一片斜至身后的衣物。衣纹雕刻方面，四尊像在敷搭右肩并垂至最外侧的上衣均不雕刻衣纹，图8-1、图8-2左臂阴刻2~3根单线，腹部除衣缘外无衣纹。图8-3中腹部衣纹单线微凸，双臂无衣纹。衣摆仅覆盖腿部微展开，衣纹依次处理方式为：双线阴刻、无刻痕与自手搭处向外阴刻两线。

2. 外层袈裟形似"通肩式"的"褒衣博带演化式"

北齐佛像（新42907，图9-1），同北齐早期的"褒衣博带演化式"相似，胸腹部处有带结，但又多层褶皱繁复衣摆覆满基座。北齐河清二年（563年）白石弥勒像（新42923，图9-2），仅见外层露胸袈裟，未刻出僧祇支。衣纹雕刻除手臂采用单线，腹部线条同上一尊像均为阴刻平行双线。天统四年（568年）白石弥陀佛像（新40034，图9-3），只见外层露胸袈裟，北齐佛像（新165067，图9-4），可见内层衣物边缘于左肩。与前一尊衣纹均为阴线沿身体弧度单刻，衣纹简洁。

3. 贴体塑造的"右袒式"佛衣

北齐天统二年（566年）白石释迦像（新40189，图10-1），仅见一层袈裟自右肋处绕至另一侧肩，衣纹也为阴刻平行的双线自腰腹连贯延伸至肩、臂身后。北齐佛像（新40369，图10-2），似着两件"右袒式"上衣，内一件应为僧祇支，除衣缘外无刻痕。外层衣纹单线微凸，腿部衣纹阴线平行双刻。衣摆仅覆盖腿部微展开于基座。

4. "通肩式" 大衣

武平六年（575年）释迦佛像（新42884，图11），"衣领"位于胸口凸出雕刻，上身部分仅在腋下阴刻双线表示褶皱，刻出"衣袖""衣领"边缘线，在右脚压于腿部的衣物阴刻三条单线。仅在转折与压陷处做微雕，以此表示周身所着贴体衣物。

三、小结

曲阳位于洛阳以东、邺城以北。因曲阳东与定州毗邻，历史上也长期作为定州的辖区，故而李静杰提出这一类的造像可归为"定州系白石佛像"。这个系统的范

图8-1	图8-2	图8-3
图9-1	图9-2	图9-3	图9-4
图10-1	图10-2	图11

图8-1 北齐太宁二年（562年）白石释迦多宝佛右尊

图8-2 河清四年（565年），白石双佛像

图8-3 武平四年（573年），白石佛像

图9-1 北齐佛像

图9-2 北齐河清二年（563年）白石弥勒像

图9-3 天统四年（568年），白石弥陀佛像

图9-4 北齐佛像

图10-1 北齐天统二年（566年）白石释迦像

图10-2 北齐佛像

图11 武平六年（575年），释迦佛像[1]

[1] 图8~图11，来自故宫博物院故宫博物院藏品大系：雕塑编 河北曲阳修德寺遗址出土佛教造像 [M]. 北京：紫禁城出版社，2009.

围在以"定州为中心的华北平原北部及太行山东麓地区，已发现的地点北起河北易县，南至临漳，东自山东博兴，西及山西昔阳。"❶本文所涉及的北齐白石造像大部分处于这个系统所覆盖的地区。

而雕刻佛像的石料主要采用曲阳县的黄山白石，其外观如白玉般细腻洁白。从北魏开采，至今仍有使用❷。据《定州系白石佛像研究》一文中总结，修德寺出土的造像铭文中，北魏晚期至东魏前期当地人造像居多，东魏武定八年（550年）及之后的数年里，外地像主的人数明显增多。也有推测部分邺城造像可能是造于曲阳或是采用曲阳石材❸。从佛衣的流行样式变化趋势与衣纹雕刻看，曲阳前期主要流行"褒衣博带式"，中期"褒衣博带式"及其演化样式式微，后期"右袒式""通肩式"再兴，新样式（"敷搭双肩下垂式"）兴起。衣纹表现从厚重阶梯感至薄衣贴体，简洁阴线刻、无衣纹雕刻。

东魏北齐两朝，以邺城为上都，晋阳为陪都。晋阳作为高欢父子常驻之地，高氏领导人经常携百官往返两都之间，自邺城出发，穿过上党高原至晋阳城。滏口与邺城距离接近，南响堂便位于其中，在第2窟的前室后壁所刻隋碑《滏山石窟之碑》上说："有灵化寺比丘慧义，仰惟至德，俯念巅危，于齐国天统元年乙酉之岁，斩此石山，兴建图庙。时有国大丞相淮阴王高阿那肱，翼帝出京，憩驾于此，因观草创，遂发大心，广舍珍爱之财，开此口口之窟……"❹故而响堂山石窟营建于邺城与晋阳之间，可能受到邺都而来的崇佛之风影响且符合高齐皇室的宗教审美。

❶ 李静杰,田军.定州系白石佛像研究 [J].故宫博物院院刊,1999(3):66.

❷ 张淑敏.四门塔阿閦佛与山东佛像艺术研究 [M].北京:中国文史出版社,2005:85.

❸ 李静杰,田军.定州系白石佛像研究 [J].故宫博物院院刊,1999(3):76.

❹ 峰峰矿区文物保管所,北京大学考古实习队.南响堂石窟新发现窟檐遗迹及龛像 [J].文物,1995(5).

苏文灏 / Su Wenhao

男，1988年生人，汉族，毕业于东北电力大学设计艺术学专业，硕士研究生。现为中国传媒大学在读博士研究生，中国服装设计师协会学术委员会委员，中国纺织服装教育学会会员，中国流行色协会会员，大连艺术学院非物质文化遗产研究中心研究员。公开发表学术论文二十余篇，部分学术成果被北大中文核心期刊、CPCI国际会议、RCCSE中国核心学术期刊收录；参与省级教学改革项目两项、省级社科项目两项、主持市级项目一项；参与编著"十三五普通高等教育本科部委级规划教材"两部；持有实用新型发明专利一项。

敦煌服饰文化中"帔子"词意的流变释析

苏文灏

摘要：作为中国古代服饰文化研究的宝库，敦煌壁画承载着魏晋十六国至蒙元时期中国古代服饰的变化与发展，因其兼具佛教文化底蕴与多元且包容的民族融合特点，致使敦煌服饰文化弥补了中国传统服饰文化的研究范畴，启发出不同的研究视角。本文以敦煌服饰文化中"帔子"这一衣饰名词为研究对象，结合文献材料、形象资料以及古代风俗等内容，以考释、比证、辨析的方式，探析敦煌服饰文化中"帔子"词意及形态的流变过程，并溯源导致流变的根本原因。

关键词：敦煌服饰文化；"帔子"；敦煌衣饰名词；敦煌服饰形象；词意流变

自20世纪初期开始，"敦煌学"在国内外人文社科领域也成为重点关注的研究对象，大批科研工作者以及相关学者在敦煌文物考古、石窟及壁画的保护与修复以及文献研究等方面获得了巨大的成功，为后期敦煌文化其他方向研究奠定了扎实的基础。其中，敦煌服饰文化研究在近年来取得了较为瞩目的成果，涵盖内容多元、全面，包括从敦煌莫高窟画作探讨敦煌服饰文化[1]、以图像资料分析的方式研究敦煌服饰图案[2]、借助敦煌文献资料辨析历代服饰名词[3]以及从历史观、实物考、材料结构、服饰色彩等多维视角论述敦煌服饰文化的魅力与价值[4]。基于如上研究成果，从更加深入、细微的研究视角分析敦煌服饰文化中"帔子"的词意及形态变化，以此补充"帔子"在中国古代服饰文化中的含义及作用，延伸敦煌服饰文化研究的向度。

一、敦煌文献中"帔子"词意考

从现存的文献资料记载可知，"帔子"一服饰名词最早出现于西汉杨雄的著作《方言》卷四之中，即："裙，陈、魏之间谓之帔。"❶从字面的含义来分析，此时的

---

❶ [西汉]杨雄:《方言(卷四)》.

"帔"更加近似于下裳而非后期的上衣配饰。而至东汉末年，刘熙所著的词意溯源型文献《释名·释衣服》中则对"帔子"进行了重新解释，即："帔，披也；披之肩背，不及下也。"❶此名词描述较之前的时期更加接近于配饰形态，并从穿搭动态中可感知与后期"帔子"的穿戴方式较为相近。因此，从文献记载角度分析，近似于配饰形态的"帔子"最早应出现于东汉时期，而随着后期时代递进、西域文化融合以及佛教文化影响，逐步发展成女性或男性所佩戴的、具有飘逸之感的衣饰。

敦煌文献中有关"帔子"的记载主要集中于唐五代时期，也是"帔子"在民间服饰中的盛行时期。大部分文献资料记录了供养人向敦煌捐赠"帔子"的详细情况以及寺庙"帔子"的收藏情况，从文字表述中可获知部分"帔子"的尺寸、色彩以及材质。例如"高留奴：生栗并（饼）油柴，半幅黄画帔子，通计二丈四尺。❷此记载描述了一高姓供养人所捐赠的"帔子"情况，其中"帔子"是以黄色作底并加以彩绘，长度近8米；"娘子黄画帔子一条……青晕罗帔子壹。"❸此记载则为寺院"帔子"的收藏记录，分别描绘了一条女性黄色作底的"彩绘帔子"，一条"青色晕裥罗质帔子"；"王文诠生绢壹疋，白绵绫壹疋，紫绣故帔子五尺，官布两匹。"❹此描绘主要介绍王姓供养人捐赠的情况，除生绢、白绫以及官布等优质面料之外，五尺长的"紫色刺绣帔子"也出现在捐赠的明细之中。以上三条文献记载，不仅表明唐五代时期"帔子"作为重要的捐赠物资与敦煌之间的关联，同时通过将文字的表述与此时期相关图像资料进行比照，能够对"帔子"的具体形态加以验证。

二、敦煌文献记载中"帔子"词意的流变

在敦煌文献的相关记载中，"帔子"的词意流变主要呈现两个变化，一个是与佛教文化紧密相关且专指佛教人物形象所服的"披子"；另一个为幅面较宽且成对使用的"被子"。

敦煌文献中有关"披子"的记载较少，但在表述方面与佛教内容关联较多。例如，在"伯2706号"《年代不明某寺常住什物交割点检历》中有记载："故红罗披子壹条"。❺此记载简短地介绍了某寺院实物交割仓库收藏的一条红色罗制"披子"，结合敦煌相关图像资料以及风俗习惯可推测出此"披子"为供养人捐赠且寺院高级僧人使用过；而在"伯2583号"《申年比丘尼修德等施舍疏》中记载："红蕴披子一，

---

❶ [东汉] 刘熙：《释名·释衣服》.

❷ 敦煌文献：斯 2472 号背《辛巳年(981) 十月廿八日荣指挥葬巷社纳赠历》.

❸ 敦煌文献：斯 6050 号《年代不详(公元 10 世纪) 常住什物点检历》.

❹ 敦煌文献：伯 2680 号背《便物历》.

❺ 敦煌文献：伯 2706 号《年代不明某寺常住什物交割点检历》.

施入合成大众。"❶此记载内容结合唐五代时期僧尼主要的经济来源可知，寺庙通过做法事等工作经由"大众仓"调配，获取相应的物质支持，内容包含衣物以及粮食，而文献中所记录的"红蕴披子一"则为从"大众仓"获取的施舍物质之一，此时"披子"的含义表达更加接近于日常服饰所用而非衣物饰品。与此同时，在"伯3250号"《沙洲僧绢绸等历》中则将人物佩戴"披子"的形象较为完整地表述出来，即："令狐寺主"黄罗披子玖尺，又二色绫壹丈。"❷此文献记载不仅描绘出令狐姓寺主所着的九尺长"黄色罗制披子"的外观形象，同时搭配"二色绫"这种御赐面料，显现出寺主的显赫地位以及"披子"重要的象征价值。

在敦煌文献记载中，"被子"一词的记述与"帔子"以及"披子"的词意近乎相同，但从相应的表述以及文献出处中却与寺院收藏或是僧人受施自用的含义有所差异，"被子"更多源于民间的私人捐赠，样式更加接近于百姓所服的配饰。例如，在"伯2567号"《癸酉年（793）二月沙洲莲台寺诸家散施历状》中记载："紫绢衫子一，晕绢被子一，青绢盖裆一。"❸此处描写，"被子"是同单衫以及盖裆等服饰共同出现于名录中，而非与高级面料一同出现或是独立出现，同时结合唐代女性日常的服饰穿搭，"被子"在此记载中应视为普通衣物种类；而在"斯4609号"《宋太平兴国九年（984）十月邓家财礼目》中也有相似的记载，即"碧绫裙壹腰、紫绫盖裆壹领、黄画被子一条，三事共一对。"❹此描述不仅将"被子"与裙、盖裆放在同一类别之中，并且在"被子"的名目也以成对的方式出现。此外，在"伯4975号"《辛未年三月八日沈家纳赠历》中，对于"被子"的长度加以描述，即："黄画被子七尺，白绵绫一丈。"❺相比较之前文献记载中"披子"与"帔子"的长度，此时的"被子"逐渐缩短，较相近于服装配饰。

因此，通过对敦煌文献中"帔子""披子"及"被子"三个词汇进行辨析可知，三者虽然在衣饰属性方面同为一物，但词意因不同的存在空间，不同的使用群体而产生异化。称"披子"时，衣饰更加接近于佛教人士所用之物，而称"被子"时则与民间个人所用衣饰更为符合。

三、敦煌服饰形象资料中"帔子"形态的流变

从现存的研究资料分析，有关"帔子"最早形象记载应来自青海平安魏晋墓出土的仙人画像砖[5]（图1）。而在敦煌形象资料中，"帔子"服饰形态较早出现于

❶ 敦煌文献:伯 2583 号《申年比丘尼修德等施舍疏》.

❷ 敦煌文献:伯 3250 号《沙洲僧绢绸等历》.

❸ 敦煌文献:伯 2567 号《癸酉年(793)二月沙洲莲台寺诸家散施历状》.

❹ 敦煌文献:斯 4609 号《宋太平兴国九年(984)十月邓家财礼目》.

❺ 敦煌文献:伯 4975 号《辛未年三月八日沈家纳赠历》.

北凉时期敦煌莫高窟"本生画"的佛教女性人物形象之中（图2），同时在北魏时期敦煌莫高窟第257窟《九色鹿经图》中也有相似的神话女性佩戴"帔子"的形象（图3）。因此，结合此时壁画形象以及部分"供养人"形象可推测出"帔子"早期较多应用于佛教形象的塑造，而人们实际佩戴"帔子"的情况较为鲜见。

通过收集及分析相应的敦煌形象资料，"帔子"形态较为全面且集中地出现在隋、唐时期。隋代初期，由于供养人像逐年增加，石窟中人物服饰形象更加写实，时兴的服饰在诸多供养人形象中均有体现，内着短襦、高腰长裙，外披挂"帔子"，胸前没有系结的装扮成了隋代女性供养人较为常见的形象。例如，在敦煌莫高窟隋代第305窟西壁南端的供养人壁画中（图4），六位身着襦裙，外披土黄色或黑色"帔子"的女性供养人依次排列站立，此处的"帔子"视觉上较为厚重，身着效果简洁、端庄，整体形态与早前时期天水麦积山第76窟中身披"帔子"的女性形象较为相似。发展至隋代中后期，以"家族式"的群体供养人形象逐渐增多，窄袖衫、高腰长裙、搭配"帔子"且手持莲成了当时供养女性人像较为常见的特征，而"帔子"形态也由厚重、暗色的特征逐渐转变为具有鲜明装饰性且色彩鲜艳的视觉之感，并且在诸多壁画内容中"帔子"的有无成了贵族女性与侍女之间的身份等级象征。在敦煌莫高窟隋后期第63窟中（图5），有三位女性供养人形象，即身着

图1 ｜ 图2

图3

图1 青海平安魏晋墓出土，仙人画像砖拓本（图片摘自孙机所著《中国古代服饰文化》）

图2 莫高窟北凉第254窟北壁中部，尸毗王本生故事画（局部）

图3 莫高窟北魏第257窟西壁，九色鹿经图（局部）

高腰长裙搭配短襦,外披红色"帔子",此时的帔子相比之前更加纤细,长度缩减,佩戴时披挂于胸、背且自然垂于胸前。

从隋代至唐代,敦煌石窟的开窟数量大幅度提升,同时石窟内容以及形式更加多元化,在诸多佛像画、经变画、供养人画等艺术形式中,人物的形象绘制越加反映现实生活,服饰形态与大众的实际着装较为密切。基于唐代敦煌壁画绘制内容和形式的变化,一些新奇、时尚的唐代服饰展现其中,例如大袖襦裙、头饰簪花、女着男装以及头戴羃离等,而此时"帔子"也朝着多元形态拓展。首先,"帔子"的长度以及幅面宽度已从单一的披风样式发展为宽窄不一、长度不一的多种式样,并逐渐转变为宽幅披风样式的"披帔"、纤细窄幅的"帔帛"以及长度略短呈三角巾形态的"领巾"。在敦煌莫高窟盛唐第130窟《都督夫人太原王氏供养像》中(图6),三位贵妇以纵向排列的方式分别佩戴了三种不同形态的"帔子",即"披帔""披帛""领衣"。从画面中可观察出"披帔"面幅较宽且长度至脚部,"披帛"面幅较窄且挽于双臂之间,而"领衣"则较为短小。三种形态的"帔子"在佩戴方式上不同于隋代时期的"披挂式",而是以系结于胸前的方式予以固定,同时三种形态的"帔

图4
图5 | 图6

图4 莫高窟隋代第305窟西壁南端,供养人壁画(局部)

图5 莫高窟隋后期第63窟,女性供养人形象复原摹本(图片取自潘洁兹所编绘的《敦煌壁画服饰资料》)

图6 莫高窟盛唐第130窟,都督夫人太原王氏供养像,段文杰摹本(局部)

子"在画面中的呈现也表现出佩戴者的身份等级。此外，在敦煌莫高窟盛唐第103窟《乐廷环夫人行香图》中（图7），画面最前的贵妇服饰形象也搭配了相似的"披帔"，由此可判断出"披帔"已在唐代中后期成为贵族女性重要的服饰之一。

其次，"帔子"在敦煌形象资料中的另一个变化为原本只在塑造神话人物、佛教人物出现的纤细、超长"帔子"，逐渐在众多供养人形象中出现。形似飘带，穿时环绕于双臂且长度及地，为穿着者塑造一种飘逸之感。敦煌莫高窟晚唐时期第159窟的一副供养人像（图8），画面最前端的贵妇身着淡黄色长形"帔子"，柔软且富有垂坠感，而其身后的少女供养人形象也搭配了相似的长形"帔子"。与此同时，敦煌莫高窟晚唐第196窟，宋初第61窟等也同样出现供养人形象穿着相似的长形"帔子"。

通过对如上敦煌服饰形象资料进行对比分析可推断出，"帔子"服饰形态从魏晋时期仅作为塑造神话人物、佛教人物的形象装饰发展至隋代女性以披挂形式为主，较为厚重且具有一定实用性、装饰性的服饰再到唐代发展为多种形态且贵族女性不可或缺的服饰之一，"帔子"形态的流变不仅受制于纺织生产技术以及大众审美观念的转变，同时也受到来自社会思潮、礼教信仰等多方面因素的影响。

四、"帔子"词意的流变溯源

溯源敦煌服饰文化中"帔子"词意的流变，需结合敦煌文献资料中"帔子"词意的语境及语源，辅以敦煌服饰图像资料进行比照与分析，并结合历史背景与敦煌文化的发展进程，从而探寻较为客观、准确的影响因素。

（一）外来文化的融入与佛教信仰的盛行

从现存的多方文献进行考证，"帔子"并非源自中国，虽在汉、晋部分文献中有所提及，但具体形态以及所使用的方式与后期"帔子"存在差异。同时部分学者的前期研究成果也较为确凿地论证了"帔子"的源头。在孙机先生所撰写的文章

图7 ｜ 图8

图7 莫高窟盛唐第103窟，乐廷环夫人行香图，范文藻摹本（局部）（图片摘自沈从文所著《中国古代服饰研究》）

图8 莫高窟晚唐第159窟，女性供养人形象复原摹本（图片取自潘洁兹所编绘的《敦煌壁画服饰资料》）

《唐代妇女的服装与化妆》中，曾结合1970年山西大同出土的鎏金铜高足杯上的人物有施帔者对"帔子"来源进行过分析，"……此器的国别不易遽定，但很可能是波斯一带的制品。所以帔帛大约产生于西亚，后被中亚佛教艺术所接受，又传至我国。"[6]而竺小恩所著的《敦煌服饰文化研究》中也曾提出相似的"帔帛"来源说法，并引用《旧唐书·波斯传》的记载加以佐证，即："其丈夫……衣不开襟，并有巾帔。多用苏方青白色为之，两边缘以织成锦，夫人亦巾帔裙衫，辫发垂后。"❶以上研究论断较为客观地证实了"帔子"是由西亚通过丝绸之路的贸易往来以及佛教东传之后进入中国，魏晋时期"帔子"更多存在于佛教形象之上，而在现实生活中并不多见，从顾恺之多幅绘画作品中女性形象并无披帔即可验证。因此，此时"帔子"的含义一方面属于"舶来品"，并非汉民族日常的主要服饰，另一方面其象征佛教文化，从属于佛教人物形象，敦煌文献中"帔"的含义更加接近佛教人物形象中的衣物配饰，而前文敦煌文献所记载的供养人向寺院捐赠"帔子"以及寺院收藏的"帔子"的情况即已表明"帔子"的礼佛之用。

魏晋至隋朝，佛教的作用在坚实的经济基础支撑下不断加大，统治阶级极力推崇佛教，用佛教思想加固政治的稳定。隋炀帝曾提出："尊崇三宝，归向情深，恒愿阐扬大乘，护持正法。"❷正是在政治、社会舆论的推动下，佛教文化在隋朝开始深入民间，佛教文化中的一些习俗、要求甚至礼佛之物开始被人们认可，而"帔子"这一服饰形态也在此期间逐渐融入民间，一些供养人像也参照佛像形态，在绘制时外加一件"帔子"。此阶段"帔子"的佩戴方式更多以搭于两肩、自然垂下的方式为主，并且使用范畴较为限定，仅在供养人像中常出现，民间服饰却较少使用。因此，结合词意分析以及后期敦煌文献记载可推测出此时的"帔子"应称为"披"，使用者主要为佛教人士与信仰者。

（二）多元信仰交杂与世俗风尚的推行

隋代至唐代，佛教文化的发展受到多方因素的影响，而"帔子"形态及含义也在潜移默化中发生改变。首先，唐初期佛、道之间的纷争导致佛教势力出现消长，在"重道避佛"的影响下，佛教文化中开始出现道教文化的端倪，而一些供养人画像中所佩戴的"帔子"发展成面幅较宽的"披风状"，此特征则受到道家人士着鹤氅的影响。

但唐中期开始，佛教地位开始回升，并与道教思想共同成为社会重要的双重信仰。在佛教艺术的影响下，菩萨、力士、天王身上所佩戴的纤细且具有缠绕之感的"帔子"逐渐成为唐代女性尤为推崇的配饰形态，并将此种衣饰融入现实生活的着装之中，如唐代画家周昉的作品《簪花仕女图》《纨扇仕女图》等作品中均可察觉此种衣饰。与此同时，在道教文化的同步影响下"帔子"拓展出其他形态种类，并

❶ [后晋]刘昫:《旧唐书·波斯传》.
❷ [唐]释道宣:《续高僧传·灵裕传》.

且披风式的"帔子"仍出现在唐中后期一些供养人像中。

除宗教思想影响之外，唐代较为开放、大胆的世俗风尚也对佛教服饰文化产生了深刻影响。唐时敦煌莫高窟中的经变画人物形象反映了当时唐代通常的服饰形态，如男性身着圆领袍衫、脚着靴，女性身着大袖襦裙、头梳多种样式的发髻等。而在女性供养人像中，服饰的多样性及时装性则反映了世俗文化更为鲜明的影响。诸多女性供养人像所着的"帔子"并非统一形态，而是多种形态均有呈现，不同宽度、长度的"帔子"出现在同一画面之中，并且色彩、纹样、材质丰富多样，此与唐中、后期女性追求奢丽、大胆创新的审美态度保持一致。因此，借助如上分析可推测唐代时期"帔子"受佛、道双重文化以及世俗风尚的影响，形态上发生改变，词意方面因不同的使用空间与使用者则产生多意，进而形成词意从单一向多元的流变，甚至在使用或记载中产生一定的误读。

五、结论

通过对敦煌文献中有关"帔子"记载的梳理，其词意变化主要表现在与佛教文化相关的"披子"以及与民间服饰相关的"被子"两个方面，三种服饰名词虽接近于同物，但在不同语境、语源下却产生异化。而从敦煌服饰形象资料角度分析"帔子"的形态变化，其来源于西域文化，呈现在佛教人物形象或神话人物形象中，后因隋代佛教文化的盛行逐渐出现于供养人像之上，形态近似披风且以披挂形式为主。而随着唐代多元信仰以及世俗风尚的影响，"帔子"形态又产生较大变化，不同长度、不同面幅、不同搭配方式使"帔子"词意涵盖着宗教文化与世俗文化的双重色彩，致使敦煌文献记载中词意的多变。如上研究仍需不断地挖掘与考证，并须结合最新的考古及研究成果重新审视研究的可行性。

参考文献

[1] 竺小恩.敦煌服饰文化研究[M].杭州：浙江大学出版社，2011（6）.

[2] 常沙娜.敦煌历代服饰图案[M].北京：轻工业出版社，1986（10）.

[3] 叶娇.敦煌文献服饰词研究[M].北京：中国社会科学出版社，2012（6）.

[4] 刘元风，贾荣林.敦煌服饰暨中国传统服饰文化学术论坛论文集[M].上海：东华大学出版社，2016（12）.

[5] 孙机.华夏衣冠·中国古代服饰文化[M].上海：上海古籍出版社，2016（8）：117–117.

[6] 孙机.唐代妇女的服装与化妆[J].文物，1984（4）：57–69.